Das geheime Netzwerk der Natur

自然的奇妙網路

彼得・渥雷本 Peter Wohlleben——著
鐘寶珍——譯

Die Natur steckt voller Überraschungen: Laubbäume beeinflussen die Erdrotation, Kraniche sabotieren die spanische Schinkenproduktion und Nadelwälder können Regen machen. Was steckt dahinter? Der passionierte Förster und Bestsellerautor Peter Wohlleben lässt uns eintauchen in eine kaum ergründete Welt und beschreibt das faszinierende Zusammenspiel zwischen Pflanzen und Tieren: Wie beeinflussen sie sich gegenseitig? Gibt es eine Kommunikation zwischen den unterschiedlichen Arten? Und was passiert, wenn dieses fein austarierte System aus dem Lot gerät? Anhand neuester wissenschaftlicher Erkenntnisse und seiner eigenen jahrzehntelangen Beobachtungen lehrt uns Deutschlands bekanntester Förster einmal mehr das Staunen. Und wir sehen die Welt um uns mit völlig neuen Augen ...

目錄 CONTENTS

專文推薦
不一樣的自然守護者／黃宗慧 007
大自然的祕密社交網路／黃貞祥 013
沒有任何一棵樹無關緊要／蔡慶樺 017
前言 023
幫了樹木一把的狼 027
狼的重返，改變了河流的流向，更解救了美國黃石公園？

游走林間的鮭魚——045
攸游水中的魚，要如何介入森林的齒輪傳動世界？

咖啡杯裡的動物——059
從地下水到咖啡杯，便是一場微生物的大冒險。

不對味的樹——077
我們以為狍鹿是森林動物，但牠其實並不喜歡森林？

螞蟻雄兵——祕密統治者——091
螞蟻不只是愛花的園丁，更是守護森林健康的警察？

凶惡的樹皮甲蟲？——103
樹皮甲蟲究竟是森林的掘墓者，還是新樹木世代的助產士？

死亡的盛宴——113
聽到熊老大咬碎骨頭的信號，死亡的盛宴便在森林裡拉開序幕。

亮起燈來！——123
昆蟲王國裡的燈，會為愛情點亮，有時也會為了殘酷無情的死亡。

橫遭波及的伊比利火腿——141
面對冬季裡快凍僵的鳥兒，我們真的應該袖手旁觀嗎？

操縱野豬的蚯蚓 —— 159
身處地底王國的蚯蚓，不但能操縱野豬的胃，還能呼風喚雨？
童話、傳說與物種多樣性 —— 175
闊葉樹能讓地球旋轉得快一些，而白晝也因此短一點？
森林與氣候 —— 193
樹木不僅能被動忍受氣溫波動，更有辦法主動改變天氣。
熱到最高點 —— 215
野火燒不盡，春風吹又生？
自然與人 —— 227
究竟何謂「自然」，人類文明也包括在內嗎？
白種人來自何方？ —— 249
我們今天所擁有的這許多聰明才智，對個人生活品質真的是必要的嗎？
那座古老的大鐘 —— 261
只要我們對森林放手，鐘聲便永不停息。
科學用語 —— 277
這些與我們共享地球的生命以及其祕密，無不令人滿心歡喜。

謝辭——281
註釋——283
專有名詞對照表——289

【專文推薦】

不一樣的自然守護者

黃宗慧

「假如我們所有的人，都可以減低一點自己的欲望與需求，與我們共存的其他生命，就會有足夠的容身之地。」德國知名生態保育作家彼得．渥雷本在《自然的奇妙網路》中的這一段話，其實道出了他的一系列作品想對讀者們傳達的道理；雖然這也是所有關懷自然生態的人念茲在茲想推廣的理念，但渥雷本作為一個不一樣的自然守護者，自有他撼動讀者卻不說教的祕訣。

訣竅之一，就是他獨特的「說故事」魅力。例如在說明螞蟻與蚜蟲之間並非美好的共生關係時，他形容蚜蟲是螞蟻「放養的牲口」，一旦想遷移到樹液更豐富的地區，不想再提供螞蟻甜滋滋的排泄物、充當牠們的「乳牛」，螞蟻就會露出「獄卒」本性，癱瘓蚜蟲的行動，以便繼續把牲口以超高密度放養在原本的樹上，鞏固「糖業經營」的霸業。隨著他戲劇性十足的敘述，讀者也彷彿可以在腦中建構出一幅幅螞蟻與蚜蟲互動的畫面。

與此同時，渥雷本也等於反過頭來挑戰了傳統自然保育觀或科學中心主義對擬人化的偏見。他質疑「一種不帶情緒的語言，到底是否符合人性」：「難道我們只准這樣描寫自然——以生物化學式來呈現所有的過程，同時盡可能地解析所有細節，以讓人產生這樣的印象：動、植物都是全自動且基因已程式化的生物機器？」他以整本書來回答自己的這個提問，那就是，儘管在某些人眼中，他的語言是「太情緒化」的、甚至「在科學上是不正確的」，但他相信自己的表達方式，更能展現自然的精彩與豐富度。

而渥雷本另一個引人入勝的祕訣，是有本事讓讀者隨著他時而展開推理，時而進行思辨，從而看見生態議題所牽涉的多種面向。「松鼠真的能預知哪個冬天是否特別難捱嗎？」「扁蝨特別鍾情金雀花嗎？」「現代人已經停止演化了嗎？」不管是這些自然界的「傳說」，還是

「對冬季裡快凍僵的鳥兒應該出手相助嗎？」這樣的倫理問題，都在渥雷本的「守備範圍」內。雖然他的觀點未必都符合主流的生態保育觀，但深入淺出的清晰說明，仍能讓不同立場的人受到啟發。

就以「冬天是否應該餵鳥？」這一題舉例來說，在昆蟲蟄伏而果實種子也埋藏於深雪之下的冬天，如果看到花園裡坐著一隻拚命把自己的羽毛抖得更蓬鬆以禦寒的小「毛球」，到底該伸出援手，還是避免干預自然？渥雷本並不立刻回答，而是訴說起身為林務員的自己何以十幾年來都堅持不能「插手干預」，又何以改變了立場。

科學觀察告訴他，餵食確實造成干預；例如愛鳥的英國人就已使得原本在秋天會遷移到西班牙的黑頭鶯不願再繼續往南飛，想停留在伙食更豐盛的英國，而改變了路線的牠們，為了要適應放置飼料的鳥屋旁的生活，外型和基因也開始改變：「新嘴形讓牠們更容易吃得到種子與脂肪，新翅膀則不再有利於長途飛行，而是方便牠們在花園裡短距飛行時的必要迴轉。又因為這群黑頭鶯，與其他同類幾乎很少再交配，於是逐漸形成了一種新的鳥種」。冬季餵食行為竟造成新鳥種產生，這豈不是「對自然的嚴重干預」？但渥雷本接著問，「我們非得從負面角度來評價這件事嗎？當有新物種形成了，首先不該更是件喜事嗎？」渥雷本並不否認，若新物種與原物種混合，使得「往後世人所見只有雜交種」，就基因組成上來說，確實是一種損失，然而在比較餵食的正面與負面效應之後，他還是改變了自己十年前的立場，插手干預了。

讓他改變的關鍵，是對同理心的肯定。雖然「照顧不當、錯愛致死」的例子絕對存在，但他顯然相信，如果有正確的相關知識，對動物伸出援手並不是那麼糟、只能從干預自然的角度來理解的一件事，因為同理心也是「推動環境保護最強大的力量之一，其影響及作用可以勝過所有的法令規章。」

這樣的觀點，和他稍後談到自然保護區時，建議「讓大自然當家作主」的主張看似矛盾，其實不然。渥雷本只是對於不同情況、不同規模的干預，做出不同的分析與評價。他不反對以特別的手段來幫助單一物種，例如紅鳶，或是因人類活動而在全球都面臨滅絕危機的物種。但對於自然保護區或國家公園在養護與發展的名義下，以割草機、電鋸與大型重機所做的「拯救本土森林樹種」的干預，他則抱持質疑的態度，因為這有可能是在不了解自然這座大鐘到底哪裡壞了的情況下所貿然進行的修理，更不用說為了規避人類行為在森林火災中應負的責任而歌頌起「林火創造物種多樣化」、甚至焚林來幫藍莓灌木取得它生長所需空間等做法。這些一般不被看見、以保育為名進行的干預，顯然是渥雷本更在意、也更希望讀者跟著一起在意的問題。

綜觀全書，渥雷本的解說從不至於因為擬人化的筆法而犧牲其中的知識含金量，反而透過他的妙筆，讓生態保育的門更敞開了一點，歡迎更多「一般人」入門一窺大自然的堂奧。順著他的文字線索，就算讀者無法就此完全通透大自然複雜的網路所內蘊的祕密，但一定可以看到，理解自然的入口在哪裡。

本文作者為臺灣大學外國語文學系教授

【專文推薦】

大自然的祕密社交網路

黃貞祥

和好友絕交、和情人分手，除了內心的哀傷和五味雜陳，最難受的打擊之一是，對社交網路過去很重要的一部分，要做出慘痛的戒斷，導致生活一時之間彷彿都要分崩離析。在這個網路時代，影響所及甚至能跨國跨文化。

在大自然中，生物物種的整個社交網路（不僅是共生，還可以是寄生和食用或被食用的關係）中，一個關鍵物種的離去，兩個共生物種其中一方有難，並不只是它們彼此之間的私密生活不再了，牽一髮動全身的還有各種微妙的平衡，所有的歌舞昇平或是勾心鬥角，也都可能要被翻天覆地地攪亂。在這個全球生態互聯幾十億年的影響所及甚至能跨洋跨洲。

構成整個大自然的生態之網的，有好些真菌、植物和動物，其中多半既不可愛又不起眼。情人眼裡出西施，再低調悶騷的物種，也都還是有其社交網路。

最可恨的小人，是那種挑撥離間的，害一群好友反目，甚至讓情人或好友變成陌生人。在大自然中，我們人類常常就是這種小人，撥弄各種物種間的是非，還自以為是人定勝天的萬物之靈。先不提直接的巧取豪奪吧，我們常莫名其妙地去「整治」大自然，十足是厚顏無恥的雞婆，不信到臺灣各處的野溪瞧瞧吧。

德國森林看守人彼得·渥雷本在這本書中，用他長達幾十年的學養和觀察，帶我們見識到狼幫了黃石公園的樹一把、森林甚至幫助了海中的鮭魚、蚯蚓能操作野豬、樹木之間以化學物質溝通、灰鶴傷及西班牙的火腿產業，甚至連落葉樹木都影響了地球的自轉，還有針葉林能夠製造雨水等等。

渥雷本是位堅守理念的森林看守人、明察秋毫的觀察家、情感豐沛的文學家、知識淵博的科學家、文筆優美的自然作家，他為我們翻譯出大自然深藏不露的各種有趣互動關係。同時他也介紹了好友《狼的智慧：黃石公園的野狼觀察手記》（*Die Weisheit der Wölfe*）作者艾莉·拉丁格（Elli H. Radinger）的工作。

渥雷本寫了幾本好書，包括《樹的祕密生命》、《動物的內心生活》、《歡迎光臨森林祕境》等等，在德國和臺灣都非常暢銷。不過渥雷本不是位單純想要介紹科學知識的科普作家而已，他是位極有主張和立場鮮明的自然作家，他在這些書中都提出了森林保育的困境，不僅為了理念而辭去公務身分，他自己也多次面對內心的倫理掙扎，為他在林中穿梭的舉止和動物的餵食辯護；另外他把動植物擬人化的寫法，也受到德國學院派作家的批評，指責他的書中充滿了主觀的臆測。

渥雷本在這本書中，也還是展現出他是位博學多聞的科學家，他更客觀並且用不失活潑生動的文筆為我們解說一個一個令人嘆為觀止的生態奇觀；另外，文情並茂的寫作方式，雖然讓他把一些動植物給擬人化了，不過難道不就是因為了情感，這些身外之物才對人類有了意義嗎？如果這些動植物對一般大眾而言並不具任何意義，那為何有些人就不能為自己有生之年的短暫享受，而犧牲掉無意義的野生動植物呢？

在城市住久了，我們人類常常忘記自己也是大自然的一部分，不管是作為惡的部分也好、善的部分也好。渥雷本在森林裡穿梭久了，但他也沒把人類忘掉，不僅是人類對森林的所作所為而已，他也關心森林對人類的各種意義，是位充滿人文關懷的科普作家。來透過這本生態好書認識一下自然的奇妙網路吧。

本文作者為國立清華大學生命科學系助理教授／泛科學專欄作者

【專文推薦】

沒有任何一棵樹無關緊要

蔡慶樺

這是一本迷戀自然之書。或者說，本書相信自然的力量，擔憂這個時代人類侵害了自然，迫使人類之外的各種動物植物陷入生存危機。然而作者也相信，只要相信自然，自然本身便具有治癒這個世界的力量。

我可以理解那樣的夢想，那是德國人對自然的迷戀，作者渥雷本說出了幾乎是每個德國人心中的走入自然之夢，也因此他的每一本著作都盤踞德國暢銷書排行榜。渥雷本原是德國林務管理的公務員，致力推動生態林業多年後，二〇〇七年開始出版生態有關書籍，二〇一七年成立渥雷本森林學院（Wohllebens Waldakademie），推動森林生態旅遊及教育訓練等，現在提及森林，幾乎不能不聯想起他的名字。

讀其書，我總是想起自身的經歷。那是二〇〇五年，我在德國波鴻大學讀書，波鴻有悠久工業傳統，並非一個以自然著稱的城市，但已經比亞洲大部分大城市保存的自然還多。當時我的宿舍，門一推開便走入廣闊的森林，門口也偶有小動物來訪。在那裡讀書時，我常遇見附近森林小學（Waldschule）的師生，以及森林裡漫步的人們，與我一同穿越森林。住了一陣子後，指導教授問我感想，我說，現在越來越能夠體會，為什麼康德、海德格、阿多諾等那麼多德國哲學家們把自然放在那麼崇高的地位。讀這本書，也使我進入了一座森林，彷彿聽見當時我踩在林中落葉沙沙作響的腳步聲——尤其是渥雷本也寫道，他宿舍後方，便是森林。

在二〇一八年十月號的《哲學雜誌》（*Philosophie Magazin*）專刊中，作家朵恩（Thea Dorn）說，對於自然的熱愛絕對是定義德國人特質的重要指標。在英美世界裡存在著自然（nature）與文化（culture）的對立概念，可是在德國人的思考裡，自然與文化（或者文明）之間不是對立的，而是相生的概念。不管如何現代化，文化（Kultur）最原初的意義仍存在其拉丁文原型中：cultura，也就是養殖培育，是農業勞動。在英美或法國看待文明的方式裡，文明存在於「自然」被科技或者社會契約超克（überwinden）之時，然而對德國人來說，文明不可能捨棄自然，人類始終要在自然中勞動。

甚至，朵恩指出這種對自然的迷戀，在日耳曼人被基督教化前，已經存在他們古老的日耳曼「異教」信仰中：每一顆樹中都棲居著一個神。即使在五百年前，馬丁路德已經擔憂德國森林有消失的危機（那根本未工業化的五百年前！）。而德國人到今日，看到一棵樹被砍伐，心中仍會有極強烈不安，朵恩認為，那正是因為深藏在文化血液裡的「自然之神的日耳曼異教思想」糾纏著，否則根本無法解釋為什麼德國人對自然之憂慮程度，遠非任何其他西方社會可比擬。

這個視角，讓我們可以想像，為什麼十九世紀浪漫主義詩歌與哲學那麼嚮往自然的力量，也讓讀者可以理解，渥雷本在本書中的憂心忡忡，除了是林業生態的知識層次的觀察外，也是日耳曼民族的文化與自我認同特質。而這也解釋了其作品在德國書市暢銷之因。

本書其中一個核心問題，正是探問自然與人類文明的關係究竟為何。渥雷本觀察到人類活動直接或間接介入生態系統，破壞了自然的祕密網路，也危及森林的健康發展。他主張，人類應知道這樣的自然網路如何精妙運作，而只要我們減少人為干預，便有機會讓這個生態系統再自我修復。作為一個森林看守人，他的立場並不意外，可是，人們是否聽得進去呢？

人們勢必得聽，因為森林的存續，不只攸關自然，依本書之思路也攸關人類的存續。一個例子說明這種重要性：聯合國氣候變化綱要公約（UNFCCC）於二〇一七年在波昂召開締約方大會時，德國漢巴赫森林（Hambacher Forst）的佔領者在現場舉布條遊行，因為能源公司為了採煤，擬砍伐這片一萬兩千年的原始林，引來憂心的環保人士多年來佔領森林，以肉身對抗伐樹機器。目前，這場能源發展與自然保育的爭鬥仍在進行中，敏斯特高等行政法院於二〇一八年十月五日宣判暫停能源公司伐林許可，因為無法證明一旦停止砍伐，無法採煤，該區的能源供給便會不足。判決隔天，約有五萬人來到了漢巴赫森林遊行，展現了他們留下這片森林的意志。

越來越多的鄰近居民，甚至遠道而來者加入護林的陣營，也去了聯合國氣候變化綱要公約會場抗議，希望喚起國際社會重視，因為他們也相信，這個精細的自然網路可以改善氣候變遷問題，此外，也因為那幾千年的對於森林虔誠信仰的文化基因呼喚著這個民族。

護林者高舉的海報上寫著「沒有任何一棵樹無關緊要」（Kein Baum ist egal）。是的，在氣候變遷的生死存亡之戰裡，在這個自然的奇妙網路裡，每一棵樹都重要。

本文作者為獨立評論@天下「德意志思考」專欄作者

前言

自然界就像一座大型鐘表機械。一切都井然有序且緊密契合，每種生物都有它的位置與作用。就讓我們以狼為例吧——牠在分類上屬食肉目下的犬型亞目，然後歸於其下的犬科，再其下的犬族，再再其下的犬屬，最後則是狼種……呼！作為掠食性動物，其角色的作用是調節草食性動物的數量，使野鹿這類動物不過度繁殖。所有的動物與植物，就是以這種方式來維持巧妙的平衡；而每種生命在這個生態系統中，也都有牠存在的意義與任務。我們人類總自以為能一眼看穿並掌握這個系統，而這種觀點也提供了我們安全感。曾經身為草原居民，並以眼睛為最重要的感官，人類確實很仰賴綜觀全局的能力。但我們真的擁有這種能力嗎？

關於這點，我想到了小時候發生過的一件事。那時我差不多五歲大，假期中去拜訪了住在符茲堡（Würzburg）的爺爺和奶奶，然後爺爺送給了我一個舊表。因為急著想弄清楚它所有的功能，我幾乎立刻把它五馬分屍，全數化為零件。不過雖然信心滿滿，認定自己可以把它們再完好無缺地組裝回去，我最後卻失敗了——畢竟當時我還太小。在我的組裝任務結束後，留下的除了幾個裝不回去的小齒輪外，還有一個心情說不上太好的爺爺。

在自然界裡承擔著這種小齒輪的功能者，舉例來說就像狼。如果我們把牠們趕盡殺絕了，接下來發生的不僅是那些牛羊飼養者的敵人消失，連像鐘表一樣精密的自然界，也會改變其運轉方式。甚至會使河流另闢蹊徑，令許多在地的鳥類滅絕。

然而，如果在這系統中添加了些什麼，一切也會亂了套。舉例來說，放生一種外來魚種的結果，可能是一地紅鹿的大量削減。就因為這些魚？沒錯。地球生態系就是這麼複雜，想把它分門別類裝進抽屜，並以簡單的「若—則」原則來呈現是不可能的。而且即使是自然保育措施，也經常在令人意想不到的環節造成影響，就像灰鶴（Kranich）數量的增加，卻對西班牙的火腿生產造成了損害。

因此，那些大大小小的物種之間的相互關係，該是受到正視的時候了。這樣或許也就有人會注意到像紅頭蒼蠅這種逗趣的小傢伙，牠們只在冬天的夜晚行動，就為了期待能找到一根老舊的骨頭；還有那種熱愛待在只剩爛木頭的樹洞裡，以吃鴿子與貓頭鷹殘餘的羽毛（並且一定要兩種混合！）度日的甲蟲。我們愈能釐清物種之間的關係，就愈能揭露出更多神奇美妙的東西。

更何況比起鐘表，自然界豈不是遠遠要複雜許多？其中不僅每個齒輪都緊密契合，所有的一切更相交成網。這個網路的分支是如此精巧，我們很可能永遠都無法掌握它的全貌；不過這樣也好，如此一來我們才能持續保有對天生萬物的讚歎。最重要的是意識到，僅僅是輕微的干預就會招致嚴重的後果；因此除非萬不得已，最好不要染指大自然。

為了讓讀者更清楚認識這個精巧的網路，我很樂意用一些例子，讓它的面貌躍然紙上。一起來趟驚歎之旅吧！

幫了樹木一把的狼

狼重新賦與了森林野性的靈魂。

自然萬物之間的相互作用有多複雜，我們可以從狼這個絕佳的案例中看見。說來令人驚訝，但這種肉食性動物確實有辦法改變河川的流路，並以此塑造新河岸。

這起河川改道事件，發生於美國黃石公園（Yellowstone National Park）。在那裡，人們自十九世紀起就有系統地想根絕野狼，尤其是在園區周圍農民的壓力迫使之下，他們擔心自己的牲口會性命不保。於是在一九二六年，最後一支狼群消失了；此後一直到一九三〇年代，都只有偶爾一兩隻孤狼被觀察到，不過即使所剩寥寥無幾，最後仍然慘遭獵殺。而這段期間裡園區的其他物種則不受干擾，有些甚至被積極保護，就像野鹿——當冬季特別嚴寒時，園區管理員還會餵養牠們。

這麼做的後果不用多久就出現了：在幾乎沒有掠食性動物侵擾的情況下，食草動物的數量持續增加，而園區裡許多區域的地面，在植被被吃光抹淨後，簡直是光禿一片。最明顯受到波及的就是河岸地帶，不僅青翠柔嫩的草地再不復見，連所有的樹苗也都消失了；於是鳥類在這片荒蕪之地幾乎再也找不到食物，此處所涵蓋的物種類別也嚴重萎縮。就連河狸都不幸淪為受害者，牠們賴以維生的物質不僅是水，還有河岸邊的樹木。柳樹及楊樹是牠們最愛的食物，為了取得這些樹上富含養分的嫩芽，牠們會把整棵樹咬斷，以便之後能盡情享用。然而，因為現在所有生長在河邊的小樹，全都進了鹿永遠填不飽的肚子裡，河狸再也沒有東西可吃，於是也跟著消聲匿跡了。

河岸一片荒蕪，意味地表幾乎沒有植被保護，於是洪水不斷帶走土壤，侵蝕作用加速進行，最後河道會大幅彎曲，在地面蜿蜒而行。河岸的土壤愈缺乏保護，這個效應就愈強，特別是在地勢較平坦處。

這種令人遺憾的狀態，持續了好幾十年，更確切地說，是直到一九九五年。這一年，為了重新尋回生態上的平衡，一批在加拿大境內捕獲的狼，被野放到黃石公園裡。

接下來那幾年所發生且一直持續到今天的效應，科學家稱之為「營養瀑布」（trophische

Kaskade），意指整個生態系統由食物鏈上層開始產生的轉變。在這裡，狼位於食物鏈頂端，而牠所引發的效應，或許甚至可稱為「營養雪崩」；不過牠的所作所為，其實完全與我們所有人在饑餓時一樣：找東西來填飽肚子。而在這個案例中，那就是為數可觀且容易到手的野鹿。因此這個故事的結局，似乎再清楚不過：狼會吃掉鹿，鹿群會急遽縮減，小樹則會重現生機。所以所謂的解決方案，就是以狼來取代鹿嗎？幸好如此激烈的置換行動，在自然界中是不存在的。因為當野鹿愈少，獵取牠們所需的搜索時間也就愈長；在數量少到某種程度時，狼會因為投資報酬率過低而遷徙至他處，否則就得餓死。

然而，在黃石國家公園裡，還能觀察到另一種現象：狼使鹿的行為改變了——這與牠們的恐懼感有關。這些鹿群現在會避開河岸開放地帶，退回到視線較隱蔽的區塊活動，雖然有時還是會來到水邊，但不會逗留太久——牠總會不安地四處張望，對那隨時會出現在眼前的灰毛獵客戒慎恐懼。所以，牠幾乎不再有時間對柳樹和楊樹的幼苗探下身來，於是這些小樹，又再度沿著河岸欣欣向榮了起來。這兩種樹都屬於所謂的先驅樹種，比起其他大部分的樹，它們有本事長得更快，就算一年抽高一公尺，也不算希罕。

於是在幾年之內，河岸又重新固定了。如此一來，河流也會安穩地在它的河床上流動，幾乎不再搬運走土壤。河道的劇烈擺盪雖然終止，但之前河流在地表切出的曲流卻依然可見。

但是，最重要的，是河狸又能重新在這裡找到食物。牠們開始修築堤壩，這使得河水的流動趨緩，許多小水塘也因此形成，這再度成為兩棲動物的小小樂園。如今這裡的生命欣欣向榮且豐富多樣，鳥類的數量也再度明顯增加（對此，我們可以在黃石國家公園的官網上，看到一部令人印象深刻的影片）。[1]

當然，絕對有人會批評這種觀點。因為在狼回歸的同時，一場多年的乾旱正巧結束，再度降下的甘霖對樹木生長也更為有利，因為柳樹與楊樹都偏好濕潤的土壤。不過這種說法完全忽略了河狸，牠所生活的環境，事實上幾乎不受降雨量波動的影響——至少在近河岸地帶不會。河狸所修建的堤壩能攔截河水，使河岸坡面浸潤在水中，即使偶爾長達數個月不下雨，樹木還是能得到水分。也正是這個作用，會隨著狼的重返再度啟動：較少的野鹿來到河岸＝更多的柳樹與山楊＝更多河狸。這樣應該清楚了吧？

可惜，我要讓大家失望了，因為這件事還可以更複雜。有些研究人員認為問題單純是出在野鹿的數量上，而不是在行為上；他們認為園區內的野鹿在狼重返之後整體變少（因為後來被吃掉許多），因此出現在河岸地帶的數量會減少，也很合理。

你現在是不是完全搞糊塗了？這也難怪。我也一度覺得自己好像又回到前言提到的那個五歲的時候；不同的是，在黃石公園的例子裡，那個生態鐘又開始滴答滴答慢慢運作起來，因為過去的干擾被重新調整了回來。所以，即使科學家對這整個過程尚未完全參透，結果本身所呈現的，也已足以令人欣慰。重點是就算最輕微的干預，都可能導致無法預測的改變；我們對這點認識得愈深，就愈能對大型區域的保育提出更好的主張與觀點。

除此之外，狼的重返不僅對樹木與河岸的生物有所助益，其他肉食性動物也會跟著受惠。比方說灰熊，因為野鹿在過去幾十年裡的過度繁殖，牠的日子其實並不怎麼好過。熊在秋天時非常仰賴漿果這類食物，在這段期間，牠會不厭其煩地把那些飽含糖分及其他碳水化合物的能量小果子拚命往嘴裡塞，以讓自己好好地肥上一圈。然而，這種看似取之不盡的小型灌木，在某個時候卻也有告罄的危機，或許更應該說，它們被洗劫一空了——因為鹿群同樣也熱愛這些富含熱量的漿果。不過如今因為狼又開始獵起這種大型食草動物，秋收季節來臨時，灰熊所能分到的那一杯羹自然較大，健康狀況從此也有了明顯改善。[2]

我在這個狼故事裡一開始時就說過，狼的滅絕行動，是由養牛者所施加的壓力引發——而狼後來確實是消失了，但畜養牛隻的農人並沒有，他們至今仍分布在黃石公園外圍，在緊鄰園區邊界的草地上放養著牛。他們當中有許多人的態度在過去幾十年裡並沒有改變，因此那些狼一旦離開園區的範圍就會立刻被射殺，也就不足為奇。這也是為什麼園區的環境雖然很適合狼群進一步繁衍，牠們的族群數量，在這幾年卻又再度嚴重衰減了——從二〇〇三年極盛時的一百七十四隻，降到了大約一百隻。

狼群縮減的原因，不僅在於農人對牠們的厭惡，也與科技的進步有關。許多黃石公園裡的狼，在這段期間都帶上了裝有發射器的項圈，研究人員得以定位狼，並得知狼群在園區裡、或是越過邊界時的行跡與去向。然而，就像專門研究狼的學者艾莉．拉丁格（Elli Radinger）曾經告訴過我的，一些違法獵狼的人會利用同樣的訊號，伺機等待這些動物離開保護區的那一刻。應該沒有比這更具效率的獵狼方式了，而德國的一些偷獵者似乎也洞察了這點。二〇一六年在麥克倫堡—佛波門邦（Mecklenburg-Vorpommern）的呂布滕石南荒原（Lübtheener Heide）裡，一隻帶著項圈的幼狼遭到獵殺。[3]這種科學研究技術被如此濫用，實在很令人遺憾；然而它對於進一步了解狼的遷徙行為，還是功不可沒。

幸好即使有這樣的壞消息，狼還是同時為環境保育帶來了喜訊。這種體型的野生動物能夠重返人口密集的中歐地區，幾乎是個奇蹟，尤其是這裡的居民不僅接受這點，他們還衷心期盼；這不只是所有熱愛自然的人之福，對自然界本身更是一大幸事。在我們部分面積廣闊的區域裡，其實一直都還有著與黃石公園相似的處境：數量驚人的紅鹿、狍鹿與野豬遊走其中，至今大多不受狼及其他動物干擾。而且就像美國國家公園裡曾經有過的情況一樣，牠們一直都還在被大量餵食。嚴冬幾乎無法再執行它自然淘汰的任務，即使是弱者都能存活，並生機蓬勃地繁殖下去。只不過在這裡餵養牠們的不是公園管理員，而是獵人；他們把成噸的玉米、甜菜根及草料運到森林裡，以確保維持滿滿的獵物庫存量。

同樣脫不了干係的還有林業經營。經由森林的高度利用，亦即大量伐木，陽光得以穿透林木照射到地面，因此到處都長出了禾草類與開花的草本植物。它的效果等同於額外的餵養，而這又更進一步助長了這些動物的繁殖。在此同時，此處野生動物的數量，達到了過往原始森林時數量的五十倍。這群數量驚人的食草大軍吃掉了大部分樹木的幼苗，因此森林的自然演替過程，在許多地方根本中止了。

這雖不利於森林，狼卻可從中受益。這些返鄉者形同撞進了一間塞滿食物的屋子，而裡頭的房客，完全忘記了該如何因應這樣的危險。一百多年來，牠們僅剩的敵人就只有人類。比起森林裡絕大多數的動物，人類無論在跑步及聽力上都遜色許多，然而視力卻是他的強項——至少在白天時。也因此那些大型哺乳類動物自數不清的世代以來早已學乖，白天最好就藏身在灌木叢中，只在夜晚出現。這個策略執行得如此成功，使大部分的人幾乎都無法相信，若以面積為單位計算，德國名列地表野生動物最多的國家之一。

不過現在狼來了，而牠的狩獵方式全然不同。最先列入其追捕名單的，是像歐洲盤羊（Muffelschaf）這種特別被「寵壞」了的角色。歐洲盤羊到底是野生動物，還是比較像變野了的家畜，學者專家尚且爭論不休。基於牠那彎如蝸牛的巨大頭角，實在是紅鹿及狍鹿角之外，另一種可以裝飾在客廳壁爐牆上的華麗狩獵獎盃，故打從好幾百年前，牠就被野放在地中海的島嶼上，接著也來到了德國。順帶一提，即使違法，這種野放動物的事至今還是有人在做（當然，那大多是因為柵欄或籠子不知怎麼地破了個洞）。

歐洲盤羊從來都不是德國本土的野生動物，而且一種新局面，確定了牠原是馴養家畜的可能性：只要是狼出沒之處，盤羊就消失了，而且是消失在狼的肚子裡。牠似乎忘記怎麼逃生了，再加上牠那完全適應山區的活動型態——這些原本的山地住民，也是攀岩高手，已經習慣了利用攀上陡峭岩壁來擺脫追捕自己的對手，狼在此處是毫無勝算的。可是歐洲盤羊在平地的森林裡無法運用這項優勢，比起狼，在速度上牠們又完全屈居下風。於是原有的自然秩序被重建了，而在那種狀態中，這裡不應該有羊。

接下來輪到的便是狍鹿和紅鹿。不是那些家禽家畜嗎？你或許會驚訝地問。因為如果連歐洲盤羊都這麼容易到手，就更遑論其他同類或山羊及小牛了。畢竟牠們四周的圍籬狀況大多很糟，這些設施雖然讓牠們跑不掉，但狼卻輕而易舉地從下面鑽進來或從上面一躍而過。不過與其從八卦小報的標題上來搜索可疑資訊（有關這點稍後會談更多）——它們喜歡繪影繪聲地報導「據說」是狼攻擊的事件——我們其實更應該聽聽科學家怎麼說。有學者研究了位在德東勞濟茲（Lausitz）這個區域的狼群糞便，那裡是這些灰毛獵客分布最密且生活最久的大本營之一。

他們是森肯堡自然博物館（Senckenberg Museum）的研究人員，在當地的哥利茲（Görlitz）蒐集了上千個糞便樣本，並得到下面的結論：在狼的食物中比例佔一半以上的最大宗，不是綿羊或山羊，而是狍鹿。紅鹿與野豬合計約佔百分之四十，接下來——不是家禽家畜，還輪不到牠們——是百分之四左右的野兔及類似的小型哺乳動物。研究中在糞便中佔了百分之二的黇鹿（Damhirsch），則和歐洲盤羊一樣，是基於狩獵需求而被引進野放的外來客，也是狼向來喜歡獵殺的對象。現在這份獵物清單，才輪得到幾種個別的家禽家畜：根據統計，牠們合佔百分之零點七五。[4]

不過那些小報新聞媒體，看待這件事的角度則完全不同。他們以報導家禽家畜遭猛獸撕碎的消息為樂，而且任何個案都可以變成頭條。在基因鑑定的結果尚未公布，凶手也尚未確定是狼還是一隻凶性大發的狗之前，消息已被大肆披露於公眾之間。而當真相大白，凶手不是狼而是其他掠食者時，更正報導則大多只以不起眼的次要短聞來處理。於是一般大眾得到了一種印象，好像從此每隻山羊或綿羊的生命都岌岌可危。

可是情況根本不必如此無限上綱。要讓狼與我們珍惜的家禽家畜保持距離，其實相當容易，很多時候一道簡單的通電籬笆也就夠了，而許多飼主反正不管怎樣都要圍籬笆。這種籬笆看起來像網目較大的網，上面捲了由細金屬絲所構成的線，而它們會傳導通電後的控制器所送出的電流。

在我家，我們就是用這種方法把山羊活動的草地圍上電籬，而且也已經有好幾次，我在走進這裡時忘了先把電源關上——哎喲！那種被電到的感覺，如同有塊厚重的板子落在背上。這等倒霉事發生後的接下來幾天，即使線路確實沒有通電，我還是寧可再多確認一次。

狼在遇到這種事時情況會更糟，因為牠是直接以鼻子或耳朵來撞上這道障礙。所以在牠有勇氣再承受一次這種痛楚之前，應該會寧可吃狍鹿或野豬大餐。更重要的，是這道圍籬必須夠高且運作良好。有些專家認為九十公分高已足夠，我們為了安全起見，則選擇以一百二十公分高者來執行任務。

我的「私人」狼研究專家拉丁格曾告訴過我，當年歲較大的狼被射殺之後，狼群有可能會改變獵物清單上的目標，也就是說相對於總是捕捉野豬、狍鹿或紅鹿，牠們現在更傾向把目標轉移到綿羊或其他家畜身上。所以那些痛恨狼的人，若想避免牲口受到狼攻擊，最好放棄以槍櫃裡的武器來解決問題。

除了以上所有這些事實之外，狼其實還能發揮一些其他的作用：牠以一種絕對特別的方式，為每次的森林體驗增添興味。我還記得某天在發現狼的蹤跡時，當下我有多興奮快樂。不過那不是在我和家人所住的胡默爾鎮（Hümmel）這裡，而是在瑞典中部一條寂靜的林道上。僅僅是發現狼的蹤跡，就足以使這趟穿越森林之行變成一種探險，這座森林本身似乎也因此更像荒野。而且大概也正是這種感覺——不只是我，而是許多人都有——狼重新賦與了森林野性的靈魂。這顯示了即使在人口較稠密的地方，較大型的已滅絕動物還是有回歸的可能。而且與黃石國家公園不同，狼確確實實是自己回到歐洲的。牠們從波蘭遷徙到德國，再慢慢從一個邦擴散到另一個邦。

而我們從此必須在每次到森林散步時都戒慎恐懼嗎？行跡引人注目的狼——報紙上有成堆這樣的報導，這卻不是因為牠對某人有何舉動，而僅僅是因為出沒在村子或幼稚園附近，就足以讓有些人嚇到血管凍結。當然，牠們是野生動物，不適合又親又抱，可是只要我們不刻意讓牠習慣人類，發生意外的風險其實有限。

令人遺憾的，顯然總會有人受到誤導，並以食物來餵養牠們。柯提和普帕克這兩匹狼很可能也就是因為這樣，才分別不斷出現在蒙斯特（Munster）附近以及勞濟茲地區的村鎮聚落，結果是：雖然沒發生任何危險事故，人們還是獲准射殺了這兩匹狼。所以我們不能指控這兩隻動物有偏差行為，行為可議的應該是那些餵養牠們的人。

我們尤其應該從另一個角度來審視這整件事。如果有朝一日穿梭在森林裡的，不僅是幾百隻、而是幾千隻的狼，那該會有多危險？

嚴格來說，我們早已面臨這種狀況，而且還在惡化中。因為不只在開放的田野間，我們的城市裡也到處充斥著「狼」——我們的家犬，牠與牠的狼祖先有個顯而易見的差異：不再懼怕人類。遇見一隻無主的牧羊犬或撞見一頭野生的狼，假若我能夠選擇，答案會是後者。因為狼在有所疑慮時只會有點好奇，而且在清楚自己遇到的是何方神聖之後，便會轉身離去。畢竟人類並不在狼的獵物清單上。

所以也難怪只有我們的家犬有點尷尬地引人注目了。根據德國自然保護聯盟（NABU）主席歐樂夫·欽普克（Olaf Tschimpke）的說法，每年登記有案的狗咬人攻擊意外有上萬件，有些情況之嚴重，甚至導致受害者喪命。[5]想像一下，就算那其中只有一小部分的肇事者是狼，肯定也有某方代表會出面要求處死所有的狼吧。

不過，目前比較常在新聞上博得版面的是野豬。譬如那場景可能就在柏林的市中心區裡，當驚嚇的屋主在幾公尺外，想以大聲喊叫及瘋狂擊掌的方式來驅趕牠們時，母豬正絲毫不以為意地在人家的草地上四處翻攪。被蹂躪的鬱金香花壇，被吃得精光的葡萄園或玉米田。在許多地方造成農作損失及民怨的罪魁禍首，都是野豬。而多年以來，這種鬃毛動物在族群數量的發展上，就只呈現出一種趨勢：向上陡升。野豬在德國不再有天敵，或者該說「曾經不再有」——隨著狼的重返，一個牠得嚴陣以待的對手又再度登場了。

幾年前，當我途經布蘭登堡邦（Brandenburg）的一個舊褐煤礦區時，就曾撞見過狼的排遺。它由殘餘的白骨及粗糙的黑色毛髮組成——被吃掉的是頭野豬，毋庸置疑。從那一刻起我才真正了解，狼的生活有多麼艱辛，得鋌而走險才能免於饑餓。

我不禁想起了曾經參加過的一次圍獵行動，當時的任務是驅趕獵物。隨行的獵犬從一處灌木叢中趕出了野豬，並立即緊追在後；那天傍晚，五隻出動的狗只回來了三隻，另外兩隻凶多吉少，可能已命喪在與野豬的搏鬥中。難怪許多出動獵犬來參與圍獵的領隊，會堅持當地的獸醫已對行動知情並保持待命；有些領隊甚至在任務結束的傍晚，就立刻自行縫合狗身上的傷，而那些傷口，即來自野豬銳利無比的犬齒。

對狼來說，即使是沒那麼嚴重的傷口，也可能是致命的；僅僅因負傷而使獵捕能力受限，就足以讓牠們餓死。所以這些灰毛獵客是如何在牠十幾年的生命裡，日復一日地戰勝這些危險，著實令人讚歎。

在我們結束狼這個主題前，我還想再回到黃石公園片刻，因為在那裡還能進一步觀察到一種轉變。又是黃石公園？當然那也可以是地表任何有植被覆蓋且動物繁多的地方，例如像中歐地區；只不過唯一的條件，是它必須有夠大的土地面積——這裡指的是好幾千平方公里——不再進行任何人為的干預與操控，可惜德國沒有。

那國家公園呢？不是有一個接一個的區域，據說是以這種方式保存下來了嗎？沒錯，只不過以自然界的尺度來看，這些保留區都只是蕞爾之地，大多連一支狼群的基本生存資源都無法滿足，因此我們也無法從中研究其自然發展過程。再加上令人遺憾的，大規模的人為干預還是不斷發生，就像德國幾個國家公園採行過的皆伐（Kahlschläge），規模都明顯比一般經濟林區更大。相關單位將這種伐木地段稱為「發展區」，然而即使立意良善，大自然還是飽受好事人類的干擾。

只有純粹地袖手旁觀且讓一切順其自然，我們才能體驗到驚喜。或許頂多也就是審慎地協助某些滅絕物種的再復育工作，或是幫忙清除掉被放生的外來物種。然而，只要我們還做不到這點，就得到其他地方去觀摩一下這類成功的經驗——譬如美國的第一座國家公園。

這次我們焦點的是魚，更確切的說，是湖鮭（Amerikanische Seeforelle）這類的魚。湖鮭分布於美國及加拿大境內（例如五大湖區），然而在數量上已嚴重萎縮並瀕臨絕種。為了讓牠們的數量回升，這段期間也啟動了花費驚人的復育計劃。不過對這類水族動物來說，情況並非到處都如此危急；沒錯，湖鮭本身在某些地方反而成了禍害。不知道是想增添可釣魚種的釣客，或是對自然保育理解有誤的人所幹的好事，總之大約在三十年，這類魚突然出現在黃石公園園區的湖泊裡。

原則上這應該也不會有任何問題，如果這個生態系統不是已經被牠的另一個親戚——也就是割喉鱒（Cutthroat-Forelle）——佔有。割喉鱒之名源自牠顏色血紅的下顎特徵，不過如今看來，這確實反映了牠所面臨的性命攸關狀態。因為那些新房客與牠搶奪生存空間，並鳩佔鵲巢地排擠身型較小的屋主；而且不只有割喉鱒，令人驚訝的是園區裡的野鹿，多年以來也深受這種相互排擠的生存競爭之苦。

純粹只是草食性動物的野鹿，跟魚又有何相干呢？這個謎底，又再度與一道中間程序有關，而這裡牽涉進來的就是灰熊。灰熊熱愛割喉鱒，然而這種珍饈在此同時卻變得愈來愈希罕。割喉鱒會在小溪裡產卵，因此灰熊要抓牠們根本易如反掌。但湖鮭這個入侵者的行為就截然不同了，牠對那些注入湖泊的清澈小溪嗤之以鼻，而是把卵直接產在湖床上，如此一來，棕熊便抓不到這裡精疲力盡的親魚。於是飢腸轆轆的熊老大必須另尋目標，新目標的捕獵難度相對高些，必須在陸地上苦苦守候；那就是野鹿的新生兒，牠們現在變成棕熊鎖定的目標，愈來愈常斷魂在武裝有利爪的巨掌之下。其次數之頻繁，足以讓人察覺鹿群的數量在明顯減少。[6]

我們該為此歡呼嗎？我們歡迎狼的重返，不正是基於這個理由嗎？畢竟這兩者並無二致，牠們都以自己的方式減少過度氾濫的生物族群數量。不過事情也不全然如此簡單，相對於狼所獵取的對象不分老幼，灰熊攻則是明顯針對幼鹿，而這強烈改變了鹿群的年齡結構。換句話說，整個族群老化了，這又更加速牠們數量的縮減。這對樹木而言是好事，對野鹿卻很糟。

這個例子再次清楚呈現出生態系統極其複雜的多種面向，而且不管哪一種改變，都從來不會只影響到單一物種。所以這裡最具影響力的因素，會不會根本就不是狼，而是湖鮭與棕熊這個組合？畢竟生態這口大時鐘裡的齒輪零件，可比我們至今已知的更多。

不過說到了魚，牠們以某種方式介入森林的齒輪傳動世界中，因此值得為牠們另闢專章來談談。

游走林間的鮭魚

一棵樹長得愈快，就會腐爛得更快，且因此沒有機會變老。

生態系統有多複雜，樹和魚的關係會告訴我們。特別是在土壤非常貧瘠的地方，樹木的生長確實得依賴那些行動敏捷的水族動物。

在營養物質的分配這件事上，魚在水域中扮演著重要的角色。像鮭魚就會在青少年時期游到海裡，停留二到四年的時光；牠們在海裡捕食並生活，最重要的，是讓自己好好長大長壯。

在北美的太平洋海岸分布有好幾種鮭魚，體型最大的要屬大鱗鮭魚（Königslachs）。青少年期後的海洋生活，可以讓牠長到一點五公尺長及三十公斤重，其中所包含的，不只是牠在廣袤大海裡狂吃鍛鍊出來的肌肉，還有分量極其可觀的脂肪——這是為了應付那趟路途艱辛的返鄉之旅，為了回到自己原生的溪流之所必需。牠會一路往發源地奮力逆流而上，有時還必須行經數百公里及許多瀑布急流。牠體內攜帶著高濃度的氮與磷化合物，不過鮭魚自己對此當然絲毫不感興趣。牠費力地往上游動，為的是在終點那場一生中頭一次——也是最後一次——的愛戀中留下子嗣，然後再嚥下最後一口氣。在這段旅程中，牠一度帶著銀色金屬光澤的皮膚會部分泛紅；因為不再進食，牠的體重減輕，身上的脂肪也持續耗損。在精疲力盡地死去之前，牠會在原生水域裡以最後一絲氣力完成愛的行動。

對於森林與它的住民而言，這種魚的遷徙代表著收獲的時節。而來幫忙收成的，正是那些飢腸轆轆沿河列隊的熊，而分布在北美太平洋海岸這一帶的，也就是棕熊與黑熊。牠們在急湍中捕捉著逆流而上的鮭魚，並藉由鮭魚大餐讓自己長出一層豐厚的冬季脂肪。不過依移動的距離及時間而定，遷徙中的鮭魚經常在被捕獲時已有點消瘦。一開始熊還會吃掉牠所捉到的魚的大部分，稍後會變得愈來愈挑嘴；那些因疲憊不堪、缺乏脂肪而含有較少熱量的鮭魚，即使被捕捉也很少會被吃掉。這為許多其他動物提供了分一杯羹的機會，鼬鼠、狐狸、猛禽，以及不計其數的昆蟲，會躍上這些經常只被咬了幾口的魚屍上大快朵頤，還會把牠們拖進身後的森林裡。

飽食一餐後所留下的，是鮭魚身體的部分殘餘（像魚骨或魚頭），而這等於直接對土地施了肥。經由動物的糞便，許多氮也會釋放出來，那是享用過這頓豐盛大餐者的排遺；經由這種方式排放出來並在森林裡沿著溪流分布的氮，數量非常可觀。史考特・堅德（Scott M. Gende）與湯瑪士・昆恩（Thomas P. Quinn）這兩位科學家在《科學光譜》（*Spektrum der Wissenschaft*）這本期刊中就報告過，根據精密分子分析，接近河岸地帶植被所得到的氮素，有高達百分七十來自海洋，也就是來自那些鮭魚。依此研究報告這對加速樹木生長的效應是如此之大，這些地帶西川雲杉（Sitka-Fichte）的生長，最多竟然可以比沒有魚肥料的地區快到三倍。[7]某些樹所含有的氮素，甚至高達八成以上是來自魚類。如此精確的數字，我們是從何得知的呢？關鍵就在氮的同位素^{15}N身上，它在這個緯度帶，幾乎毫無例外地只能在海洋，或在魚類身上發現。因此植物含有這種分子的線索，總能讓人直接導出有關氮素來源的結論，而在這個例子裡，那就是鮭魚。

然而，這些大家所覬覦的養分，也不會就此都停留在陸地上。一切終究會在某個時候吃完消化完，並排泄出來，再慢慢滲入土壤。這裡樹木的根早已久候多時，它們會貪婪地吸取這些養分；那些如棉絮般環繞著樹木柔軟根鬚的真菌，此時能提供最佳的協助與支援，讓樹木吸收到數倍的養分。而樹葉終有落地之時，老森林裡的巨人死後，樹幹也會腐朽敗壞。在那支由最微小生物所組成的無敵艦隊，把一切都分解處理得乾乾淨淨之後，養分會繼續傳遞給下一批樹木，它們可以從土壤中吸收那些被釋放出來的養生仙丹。不過這張織功細密的網，還是留不住所有的養分，它們有一部分鐵定會被沖刷到溪流裡，然後帶進大海。而那裡已有數不清的微小生物，在等待這批富含營養的配送。

這些樹木遺留下來的物質對海洋有多重要，日本一則令人印象深刻的報導會告訴我們。北海道大學的海洋化學家松永勝彥（Katsuhiko Matsunaga）發現，樹木落葉中的酸被溪流沖刷帶入海洋後，會刺激浮游生物生長，而浮游生物是食物鏈中最底層、也最重要的基石。透過森林得到更多的魚？研究人員建議當地的漁產事業者沿著海岸及溪流多種植樹木，事實果真如此，在更多落葉進入水中之後，這種綠化造林最後確實帶來了更高的魚、貝類產量。[8]

不過，讓我們再回來看看那些對美洲西北部森林裡的西川雲杉及其他樹種施了肥的鮭魚。這裡的間接受益者不只有樹木，前面提過的那些會來分食腐肉的動物（狐狸、鳥類以及昆蟲），牠們自己也變成了其他動物的盤中飧。且讓我們看一下昆蟲，加拿大維多利亞大學（University of Victoria）的湯姆·萊幸（Tom Reimchen）博士發現，某些昆蟲身上的氮素高達百分之五十來自魚類。[9]這種營養成分上的富足，反映在有鮭魚活動的溪流沿岸，不管是昆蟲或植物的種類都更加豐富多樣了；而許多鳥種也從中受益，這點當然毋庸置疑。

萊幸博士與研究小組成員從老樹樹幹中鑽取出木心，那上面的年輪有如歷史文獻檔案，能反映樹木生命中所經歷的一切：乾旱之年有著細窄的年輪，雨量豐沛時則相對較寬廣；同樣能解讀出的訊息，自然也包括樹木有多少養分可供使用。於是，在早期的魚類資源與木心裡的氮同位素^{15}N含量之間，就產生了一種直接相關性，根據這點，木材會透露過去鮭魚數量多寡的訊息。而事實顯示，在過去一百年裡牠們的數量不管在哪裡都嚴重萎縮，因此鮭魚已經在北美的許多溪流裡消聲匿跡。

不過，這整件事與歐洲的森林又有何干呢？關係可大了，尤其是當回顧起歐洲過去的自然面貌——我們的溪流，也曾經布滿鮭魚，而且同樣有過棕熊。可惜沒有生長自這個時期的樹還倖存著，不然我們就能從中尋找魚類所帶來的氮素。我們的森林，自中世紀起不是遭到砍伐就是被非常密集地利用，以致幾乎所有的老樹都消失了。今天德國境內的山毛櫸樹、橡樹、雲杉或松樹，平均樹齡連八十歲都不到，就這個時間點而言，這裡早就既沒有棕熊，也沒有數量值得一提的鮭魚群。這麼說來，我們樹木的木材裡，應該是幾乎完全沒有^{15}N分子的存在。那麼，在這之前呢？可能性之一或許是從傳統木桁架老屋的原木橫梁下手，不過據我所知，至今還沒人這麼做過。

至於歐洲一度有過許多鮭魚這件事，是千真萬確的，許多古老的傳說都能證明，例如過去曾經禁止讓家中僕役每週吃鮭魚超過三次。[10]

曾經以這裡為家且目前又已重返各處的，就是大西洋鮭（Atlantischer Lachs）。這是自然保育的努力成果，突顯出德國在維護水域水質潔淨上的成功。我在離萊茵河不遠處長大，而且還記得當時父母親是如何不允許我到河裡去玩，那時河水之骯髒，使得只有少數的幾種魚還能在那些化學工廠排出的「雞尾酒」中苟延殘喘。然後在一九八〇年代，一些保護措施慢慢發揮了作用。不過聯邦環境部長克勞斯．托普夫（Klaus Töpfer）在一九八八年跳進萊茵河並游泳橫渡到對岸這件事，說起來還是比較像件小醜聞。當時他在三年前打了個賭，發下豪語說在新環境政策之下，所有湖泊河川的水質必能明顯改善，讓人民可以再度下水游泳。結果就像《明鏡週刊》（*Der Spiegel*）語帶嘲諷的報導，我們的部長從那棕色的滾滾洪流中帶著發紅的眼睛上岸了——要說當時的水有多乾淨，應該沒人相信吧。[11]

值得慶幸的是時過境遷，這種情況已有所改善。萊茵河變得十分乾淨，兩岸的河灘再度成為人們游泳休憩的場所，連鮭魚也重新在這裡感到如魚得水——不過是在外力協助之下，而且這外力還無比巨大。成年的鮭魚，總會游回牠幼時出生的那條溪流，因此一旦整個魚種在某個水體裡滅絕了，之後當然也就幾乎不可能再找到回這裡的路，也就是說，所有較大的魚，都出生在其他地方。

因此，一些熱心積極的社團組織，在條件適宜的水體內野放了成千上萬隻的鮭魚苗。然而，要找到適合的地點並不是那麼容易，因為到處都有水電廠及壩堤攔阻在鮭魚遷徙的路上，一旦好不容易才養大的後代想游向海洋，有些還可能就此喪命在渦輪機下，變成生魚片亡魂。至於從海上返鄉的路，壩堤旁則修建有魚梯，河水會一階又一階、或一小池過一小池地流瀉而下，並以此模擬湍流，讓鮭魚能以小跳躍的方式爬昇而上。

在我的林區裡，也有一條這樣為鮭魚大費周章整治改建的小溪。這條寬不及四公尺的小溪，曾被一座老舊的壩堤截斷過溪床，它的名字是Armuthsbach（意為「貧困之溪」），證實了前面幾個世代的人在這裡的生活景況。他們攔溪引水以產生水力，這至少使將穀物磨成麵粉的工作省力一點；此外也將乾淨的河水引到魚池裡，但這反而讓溪流本身失去生命力。鮭魚只是其中的一個代表，如果一道壩堤擋在面前，包括小蝦小蟹等許多其他生命，都同樣會從此動彈不得。而且如果牠們只能一直順流而下，無法逆流而上，那在這堵牆以上的溪流裡，終有一天會失去所有較大型的生物。

現在這些建構物正逐步被拆除，如此一來，鮭魚就能再度一路往上洄溯至牠所出生的產卵區——這是個讓人有理由懷抱希望的巨大成就。而確實也不斷有人目擊那些在海洋生活多年的成年鮭魚，又回到牠們被野放的地方，並在那裡產卵。於是，第一代真正的野生鮭魚出現了，牠們誕生在自由之中。

因此鮭魚回來了，可惜棕熊尚無蹤影。不過這對沿岸大城錯落的萊茵河來說，反正肯定也是個問題，倒是在鄉村地區還真有點想像空間。其實讓魚散布到地表各處的角色，也不必非得是熊。像鸕鶿這種以魚為食的鳥，對此就勝任愉快。牠同樣一度被認為瀕臨絕種，如今卻在嚴格的法令保護下重返中歐地區的河川。自一九九〇年代起，我就又經常看到牠出現在萊茵河及阿爾河（Ahr）的身影，阿爾河是萊茵河的一條小支流，發源在我的家鄉胡默爾鎮附近，上述的「貧困之溪」最後就是注入阿爾河。

鸕鶿（Kormoran）是技藝高超的潛水客，牠在水下的捕獵行動幾乎攻無不克。而當肚子吃撐了，牠就會在河岸森林的樹冠層裡打個飽足的瞌睡，然後拉出一坨又一坨的屎，而那裡面當然也含有珍貴的氮素——不過這要依鳥的數量而定，同一時間太多了對樹木也有害。就像在薩爾河大曲流（Saarschleife），栽種在近河岸地帶的花旗松（Douglasien），為這裡製造出一種人造北美森林的景象（花旗松源自北美太平洋岸），而一大群鸕鶿就住在那裡。牠們數量驚人的糞便的殺傷力十分驚人，使部分樹冠都因此枯死，這自然讓當地的林主萬分不快。

不過，這並非是這種鳥變得如此不受歡迎的主因。更重要的是，那些多虧所費不貲的野放行動才能再次奮力逆流而上的珍稀鮭魚，常常在還沒抵達牠們產卵的水域前，就已經先進了鸕鶿的五臟廟。那接下來該怎麼做呢？其實這裡在進行的，也不過是一種自然的養分循環，然而一如往常地，它卻抵觸了人類的利益。這些鳥就這樣讓所有的努力付諸東流，相信沒有人會對此袖手旁觀，這點我可以理解，但是有必要因此立刻動用槍枝嗎？

這正是發生在前述阿爾河河岸的情節，而且還是在一個為鮭魚復育竭盡心力的社團的歡迎之下。所以這整件事，會不會根本就和「自然復育」沒那麼相干？這種獵殺嚴格受歐盟法令保護的鳥類的行為，在例外規定的許可下得以繼續，阿爾河工作小組（ARGE Ahr e.V.）也在官網上明白對此表示讚許，並且還是以避免漁業經濟損失為出發點。其實，只要看一眼他們的組織章程就會了解：只有本區漁事水域的垂釣者、租賃者與出租者，才能入社成為會員。[12]可惜，這讓這個社團以令人稱許的熱忱為拯救鮭魚所做的一切，突然都有點走味。

不過那些分布在地表人口稠密區四周的森林（基本上整個中歐地區都算），到底還需不需要天然氮肥？因為在過去的幾十年裡，樹木有了全然不同的氮素來源，它不僅多得氾濫，還與大自然完全無關。相較於北美純淨的空氣，德國的空氣簡直像混濁的湯——不是從視覺上，而是從「汙染物質」的角度來看。還是應該說「營養物質」？因為我們的交通與農業活動，以廢氣及水肥為植物提供了超出它所能消受的「營養」補給。且讓我一一道來。

空氣中本來就含有大量的氮，而當你讀到這行字時，同時也吸納及吐出不少。因為對我們來說無比重要的氧氣，在空氣中不過佔了百分之二十一，氮氣則佔有百分之七十八。所以嚴格來說，如果氣體可以被分類為需要與不需要的，那在我們每一次的呼吸中，都吸進了四分之三的無用氣體。然而，這並不代表我們並不需要氮氣，恰好相反：每個人體內都攜帶有大約兩公斤的氮，它被內建在蛋白質、胺基酸及其他物質之中。[13]

這情況在植物身上幾乎沒什麼兩樣。它們呼吸時同樣也不需要這種氣體，能引起它們興趣的是特定的含氮化合物。這種化合物易起反應，能夠存在於蛋白質以及決定遺傳的物質中，可惜在自然界中卻相當稀少。如果一棵樹沒有那種長在鮭魚分布水域邊的運氣，可能就會遇上麻煩；而途經的動物所留下的排遺，或在樹木根部所能及的範圍內腐敗的動物屍體，則都能產生一些作用。

閃電在這裡也有所貢獻，它能透過釋放能量，讓空氣分子發生反應形成一氧化氮。有些樹木則像其他植物發展出一種能力：與特殊根瘤菌共生，將空氣中的氮加以轉化，使它能夠被處理並吸收。赤楊就是這樣的肥料製造者，可惜絕大部分的樹並不具備這種能力，因此得倚賴動物產出的廢棄物。

總之，那些可利用的含氮化合物，在自然界裡更像種難得的珍饈。不過，人類出現了，而我們的現代內燃機，不管是在汽車或是暖氣系統裡，都在做著和閃電一樣的事：在燃燒能源物質時，製造出氮氧化合物這類副產品。它會成為廢氣隨風飄散，也會隨著雨水被沖刷進土壤。除此之外，還出現一種農業型態，是以含氮化肥來促成最大產量。因此，人類活動所排放的含氮化合物，總量相當可觀，有近二億公噸降落在全球各大陸上——也就是全世界每人平均二十七公斤，在工業國家甚至可達每人一百公斤。[14]

這數量聽起來還好嗎？那讓我們再回頭看看鮭魚以及牠大大造福了樹木的肥料效應。每隻公鉤吻鮭（Hundslachs）平均含有一百三十克的氮素，[15]如果把每個歐洲人每年的氮排放量以鮭魚來換算，大約等於七百五十隻魚；而每平方公里二百三十人的人口密度，則意味在同樣大的面積內，分布有十七萬二千五百隻鮭魚——不用說也知道，這完全超出自然界所能循環處理的能力。而廢氣、水肥及肥料雖然有著同樣的效應，在視覺上卻相對地隱而不現，人頂多只在飲用水突然被測到硝酸鹽含量超標時，才會不怎麼愉快地注意到它們。

不過樹木早就察覺到了，林務員也是。因為幾十年來，他們所看顧的樹木，明顯地生長得比往常更快了；於是森林產出更多的材積，對木材的計算也必須建立在一個新的基礎上。那些用來標示樹種、樹齡，以及生長速度的所謂的產量資訊板與圖表格式，都已經必須向上調高百分之三十。

這是個好兆頭嗎？其實不然，而且恰好相反。話說回來，樹木根本天生就不想長得太快，原始森林裡的小樹，通常在最初的兩百年都必須堅忍地活在母樹的陰影中，只能力求往上抽高個幾公尺，同時讓自己長出不可思議的強韌木質。時至今日，在我們現代化經營的森林裡，樹苗因缺乏親樹樹冠大傘的煞車作用，即使不施加氮肥，都能迅速抽高並長出粗大的年輪。它們的細胞同樣比一般狀況下要明顯大得多，也含有更多空氣；這使它們更容易遭受真菌侵襲，畢竟真菌也需要呼吸。所以一棵樹長得愈快，就會腐爛得更快，且因此沒有機會變老。現在透過空氣中的「營養物質」補給，這種發展趨勢更加猛烈了——就像一名已經服用禁藥的競技運動選手，又被額外打了一針興奮劑。

值得慶幸的是，如果可以成功遏止廢氣繼續產生，我們環境中的高氮素負荷也並非難解的痼疾。土壤中有為數可觀的細菌，能把這種一度向隅、如今卻氾濫成災的氮氧化合物轉換為能量。它們能將其分解為原有成分，還原後的氣態氮則會從土壤中逸出，再度回到它的老家，也就是大氣裡。還有一部分的氮氧化合物會被雨水洗入地下水中，破壞人類最重要的生活必需品飲用時的口感。不過，只要我們相應減少對生態的干擾，情況就能像鐘擺般再度擺盪回來，這點至少是確定的。因此終有一天，鮭魚與熊會再度在自然界裡扮演要角。

然而，相較於這對搭檔只能在水域沿岸發揮全效，另一種自然力量的作用可就無所不在了。它刻劃了高山、塑造了山谷與低地，更重要的，它還是一部具有再分配能力的巨大機器，那就是「水」。

咖啡杯裡的動物

這些缺乏視力的小東西，說不定早就隨著飲用水，到我們早餐喝的咖啡裡一遊了。

水不僅藉著魚的遷徙，把養分帶進森林，也從森林裡運走許多。原因在於水的特質及重力作用：水會流動，而且是向下——這是老生常談，也總被認為平凡無奇。然而，得仰賴這個過程的事物，數量可不比尋常，而是整個生態系。

關於這點，且先讓我們回顧一下過往。這個星球上的所有生命，都需要像礦物質、磷化合物、氮化合物這樣的養分。它們決定了植物生長的密度，而所有的動物又都得仰賴植物。這裡所說的，可不是鮭魚，而是我們人類自己。人類是如何被緊密牽連在這循環之中，我們的祖先已經以大刀闊斧的開發型態經歷過：他們先是砍伐森林以取得建立聚落的空間及材料，其後便在清除完的空地上展開農業活動。

起初，這個模式運作良好，因為在每平方公里的土壤中，都有好幾萬噸的二氧化碳以腐植質的形式儲存著。不過這些鬆軟的棕色物質現在慢慢地分解了，因為頂上不再有涼爽的樹蔭，所以土壤層明顯暖化，這使細菌和真菌即使在地底較深處都得以活躍起來——在這場完全就是狼吞虎嚥的盛宴中，它們除了呼出二氧化碳，也把原本封存在此的營養物質釋放出來。於是，開始出現「過度施肥」的現象，這在當時還頗為人所稱道：這樣的豐收，幫他們度過幾場饑荒，也讓他們有了幾年的繁榮，直到地力開始慢慢衰退。因為當時尚無人工肥料，區區幾頭牲口所能提供的糞肥也遠遠不足，農地終究貧瘠化了。

不過，這樣的土壤要長出青草還綽綽有餘，於是這塊地接下來的用途是提供牧草。當然，這也會耗損地力，因為那些供宰殺用的牲口並不在草地上，而是被飼養在家裡的畜欄中。就這樣，地力衰竭得愈來愈嚴重，石南及刺柏也蔓生得愈來愈廣——那是連綿羊及山羊都嫌棄的植物。此處最終遺留下的，是被徹底摧毀的農地景觀，幾乎無法對生產再有絲毫貢獻。那些在夏日有羊群漫步其中的刺柏石南荒原，讓今天的我們感到無比浪漫且嚮往，可是對前人來說，盛開的石南灌木叢，反而是貧困的象徵。

隨著人工肥料的發明，許多荒原得以被重新利用，現在人們可以隨心所欲決定要施加多少肥料。剩下的一些早期經營失當的零星區塊，今天則以自然保護區之姿備受珍惜照顧，不過這又是另一個課題了。我們祖先過去的所作所為，彷彿是一場以縮時影片來快轉進行的大型試驗：他們加速了自然界養分流失的過程，並在無意中展示了，當養分缺乏補給時會發生什麼狀況。

我並不是要時間倒轉回沒有化學肥料的時代，因為那也代表著，人類必須再度完全成為這個養分循環裡的一部分。而這究竟意味著什麼，聽聽我父親的故事就明白了：在二次大戰後，他們一家照顧著一座小菜園，當時這是取得額外食物的重要來源。那時候肥料非常希罕，因此灑在菜圃上的，是來自家裡糞池的有機肥。這些養分之後會轉化成餐桌上的生菜和黃瓜，還會因一種大自然無意間的添加物而變得更「豐盛」，那就是蛔蟲。牠們同樣會跟著來自廁所的肥料，來回在菜圃及餐桌之間。不過即使是這樣有點令人倒胃口的回收行動，也無法遏止養分循環逐漸枯竭。

在此，我們要再度回到水這個主題。水具有溶解能力，而所有植物的根樂於吸收的重要營養物質，都能被它溶解。在這種情況下，土壤中的養分雖被吸取，但只要植物死後能被細菌及真菌分解為原有成分，它就能重返——至少在簡化的理論中是如此。一般來說，水分會往地層較深處下滲，直到抵達地下水層。而且在水一路往下的過程中，會把樹木及其他植物想保存下來的營養物質也一併帶走。順道一提，這也是我們的飲用水為什麼得愈來愈常加氯消毒的原因，因為那些灑在草地及農田上，且分量多到令人難以置信的水肥，連同它滿載的細菌大軍，最終都會往下移動並來到地下蓄水庫——也就是我們最重要的生活必需品裡。

在自然界，這種向下移動對我們腳下的這個生態系統非常重要。畢竟，在地底深處還生活著無數的物種，而它們都得仰賴地面上那些生命餘下的東西。

在我們把焦點轉向這些生物之前，我想先探討一下水的破壞力。因為雨水不可能總以平和的方式滲入疏鬆的森林土壤，然後為地下水提供補給；在劇烈暴雨中，土壤裡的毛孔會被水充塞，天然的排水溝渠則會溢流。如果土壤完全飽和了，一場傾盆大雨就能產生大量的棕色濁水，挾帶許多有機物質流向附近的小溪。這點每每可在壞天氣的雨中散步時清楚觀察到：只要漫流在草地及田野裡的水變混濁，就代表大雨正在把土壤運走——那些一去便難以復返的珍貴土壤。在這種作用之下，土壤的養分早晚會流失殆盡。

早晚會。幸好正是為了阻止它的發生，大自然在這裡進行了反向操作。舉例來說，首先就是森林，透過將大部分的雨水截留在樹冠上，讓它在陣雨後才慢慢滴到地面，緩和了雨水打下來時的強度。有一句俗諺就是因此而來：在森林裡，雨會下兩次。這種樹葉的煞車作用，會讓即使是強度很大的降雨，都能以緩慢且分配均勻的方式進入土壤層中，如此一來，大部分的雨水也都能被完整吸收。

除此之外，那些生長在樹幹及老樹樁上的柔軟苔蘚，也在攔截過多的雨水上助了一臂之力。這種顏色翠綠的厚軟墊，能夠儲存超出自己重量好幾倍的水分，之後再非常緩慢地把它釋放回環境中。也因為經由這個作用，侵蝕幾乎沒有機會發生，老林地裡的土壤層通常非常疏鬆而且深厚。它的作用就像一塊巨大的海綿，能夠吸收並儲存豐沛的水資源。換句話說，完整且健康的森林，會自動形成並保護自己的蓄水庫。

沒有樹的情況則另當別論，一切都會發生劇烈變化。相對於草地至少還能在某種程度上緩衝一下高強度的降雨，農耕地對重重打下的雨滴則毫無抵擋能力；它細緻的土壤顆粒組織會被破壞，毛孔會被爛泥堵塞。而且許多像玉米、馬鈴薯或甜菜這類的農作物，一年中覆蓋地面的時間只有不到幾個月，因此在其他時間裡，這些耕地等於毫無防護地暴露在風化中——從自然屬性來看，這種狀態不該出現在德國所處的緯度帶裡。此後，每當一陣驟雨劈啪打在地上，都幾乎不再有水分會往下滲透；取而代之的，是從地面上直接流走的滾滾濁流。

把這描繪為滾滾濁流，絲毫不言過其實：一層厚厚的雷雨雲，絕對能在一平方公里的土地上降下三萬立方公尺的雨水，而且還是在不到幾分鐘之內。當這些水沒有全部好好地順勢流走，或者透過植被覆蓋的緩衝而慢慢從土壤毛孔下滲，水勢凶猛的急流很快就會成形，且在地面留下深深的蝕溝。大原則是：所在的位置愈陡，水的流速就愈快，沖走的土壤也就愈多。那些坡度百分之二、乍看一片平坦的地面，常常就足已造成損失。總之土壤的流失量很是驚人。

你是否曾經有過疑問，那些考古上的寶藏為什麼總是必須「出土」，才能重現光芒？它們難道不是應該位在地表，頂多被茂密的雜草或灌木給覆蓋嗎？又或者，山為什麼不會持續長高？它們不是因為板塊猛烈碰撞，在「意外現場」被擠壓抬升而成的嗎？這是一種即使在歐洲的中海拔山區，都持續不變的作用。

它們確實沒有繼續變高，究其原因，與古羅馬時代的錢幣今天多發現於地底深處相同：侵蝕作用。陸地比海洋高，這是另一個眾所周知的事實，而且透過雲層帶來降雨，它能不斷得到水的補給。這些水會向下流動，然後在某個時候又再度回到它的起源地——海洋。只是這一路它總會帶些土壤同行，因此無形中也一層層地磨損了山脈。一地的地形愈陡，水就流得愈快，這個作用也就進行得愈劇烈。然而，形塑我們地表景觀的，並非一般的連綿陰雨，或是潺潺流過的靜謐小溪，而是較罕見的極端天氣。當整個星期都下著傾盆大雨，原本的小溪變身為凶猛噬人的洪流，就山地而言，情況可說相當危急。此時的水，連巨石都能撼動，而它從地面帶走的大量土壤，也使洪水變成混濁的淺棕色。

當情況再度平息，我們在新形成的河岸邊，到處都看得出那些被水侵蝕得特別嚴重的坡面。至於在其他河谷低地裡原有的河床上，則在大水退去後，堆積出一層薄薄的爛泥。這些爛泥由塵土與水組成，而塵土又來自因風化侵蝕而變成碎屑的石頭，所以它終究是一小塊掉到河谷裡的「山體」。谷地會因為這樣的棕色洪流得到養分，一個絕佳的例子就是尼羅河。古埃及的高度文明，只有在這種條件下才可能形成：以肥沃的河岸為基礎，發展出能產生大量剩餘的農業型態。而在食物上有餘，就意味著有閒暇時間投注在其他事物上。

讓我們再回到森林。大自然向來是幾家歡樂幾家愁，而這裡必須發愁的是樹木。樹木的分布範圍常可廣及山頂，它們同樣偏好堆積盈尺的肥沃土壤。然而，所在的位置愈高，坡度通常就愈陡，土壤的侵蝕作用也就愈盛。基於這個原因，生長在坡面較高處的樹木，經常不及較低處者高大。不過森林本身可能也在極力對抗著這股自然的力量，而且以長遠來看，每一片它所抓住的碎石都不容小覷。因為地表只要流失掉一公釐厚，就代表每平方公里內一千噸土壤的損失。中歐地區的耕地平均每年每平方公里都會損失二百噸的土壤，一百年內這個流失量會是兩公分。

不過，在最極端的情況下，一百年內的流失量也可能有五十公分高，而這對森林有什麼長期後果，在我的林區裡就觀察得到：林區裡有座小山，它的某側坡面覆滿了老山毛櫸森林，不管坡度再怎麼陡，土壤層永遠都是紮紮實實的兩公尺厚。我會知道得這麼精準，是因為這裡設置成安息林，亦即為保護老樹而規劃的樹葬林區，所以我們必須調查官方所謂的「可挖掘度」；說白話一點，就是這裡到底可不可以讓人把骨灰罈埋在八十公分深的地底下。為此，我們委託了一名地質學家，他發現這裡的地層出乎意料的豐厚，可見「這座森林的歷史必定極為久遠」，也就是說，距離上次冰期後山毛櫸樹的重返，大約過了四千年之久。

這座小山的另一側，則有部分表層覆滿了光禿禿的石塊，一度也頗為豐厚的土壤層，已流失至只剩幾公分深。顯然在中世紀時，此處曾發展過畜牧業，且雖然草地的抗蝕力明顯比耕地好，卻還是帶來了致命的後果：在過去幾百年的歲月裡，流失的土壤量從幾公釐、一點一滴累積成幾公尺厚，最後都被沖積到鄰近的「貧困之溪」裡。

所以這條溪名的由來，如今便更加明確了：缺乏土壤與腐植質使土地的生產力急遽下降，結果便是饑荒。而晚至一八七〇年代，這裡確實還有人死於營養不良，當時甚至必須動用蓬車隊，從科隆將食物送往那些極度匱乏的村落。這些馬車隊經常遭受盜匪打劫，情況之惡劣堪比美國西部拓荒時代。而這所有的一切，都要歸咎於砍伐森林，以及之後人們認為過程非常緩慢的侵蝕作用。

這是可以挽救的嗎？當然可以。儘管所需的時間，與侵蝕作用一樣悠遠漫長，這消息還是讓人放心不少。我們先假設，這片受盡磨難的土地某天又再度為森林所覆蓋，而且幾乎沒有侵蝕發生：那麼，土壤層確實會開始重生。一旦侵蝕率低於土壤生成率，這些棕色的黃金就會有所增長；而它們的來源，是在經年累月的風化作用下慢慢分解為最小成分的岩基。依德國的地理條件，平均每年每平方公里的土地上，有三百至一千噸的岩石轉化成土壤；這意味在厚度上增加了零點三到一公釐，平均每一百年則至少也有五公分。如此算來，我林區中的「貧困之溪」溪谷旁那片亂石嶙峋的山坡，應該大約會在一萬年後，恢復到它的森林尚未被砍伐且被人類利用之前的狀態——這樣的時間跨幅，就是從上一次的冰期結束後至今。

你是否覺得，這樣的速度慢得令人咋舌？喏，大自然有的是時間，只要想一想樹木的生長就明白了。在瑞典達拉納省（Dalarna）的那棵全世界最老的雲杉樹，大約就是一萬歲那麼老。這麼說來，等待一切都再度恢復常態所需要的時間，也就是一個漫長的樹木世代。

在探索各類生態系統及其相互關係上，人們幾乎已是上窮碧落下黃泉——且慢，這麼說其實也不盡然。我們是幾乎搜遍了地表之上，但，地表下呢？地球畢竟是個三度空間，而我們的腳下，確實還隱藏著巨大的生存空間。這裡所說的，並非前述的兩公尺厚的耕地表土，不，這次我們要去的地方比那深得多。畢竟細菌、病毒及真菌這些生命，被證實能存活在三點五公里深的地方。在地底下五百公尺深的每立方公分的物質中，還有數以好幾百萬計的這類生物。在這暗無天日的深處，氧氣對呼吸作用再也不重要，而且許多時候這裡所能提供的食物，就是我們人類用來增加機動性的物質：石油、天然氣以及煤炭。

這個隱密生態系中的生命，至今幾乎都還沒有人研究過，而我們對其中有哪些物種，所知道的也不過是皮毛而已。據初步的粗略估計，在地球所有活著的生物量當中，可能有百分之十是以岩石圈為家。撇開少數煤礦區及開採較深的露天礦區不談，我們至少可以這樣假設，在很深的地底世界裡，因為缺乏前景，人類活動至今尚未帶來深遠影響。

潛藏在這地底世界的，還有另一個人類已略有涉獵的子系統，也就是地下水。這是個非常特別的棲息環境，沒有絲毫光線會穿透至此，也完全不會結霜。此處的溫度取決於深度，從舒適和暖一直到極端熾熱都有可能，而營養物質更是少之又少。不過，在氣候變遷的時代裡，這個生態系統具有明顯的優勢——因為它絲毫不受影響。況且，縱使營養物質匱乏，還是有不少生命在我們的腳下活躍著。好吧，或許沒那麼活躍，因為至少以較為接近地表層的地下水來說，稱不上特別溫暖，有些地方甚至低於攝氏十度，而低溫與缺乏養分都會使動物的行動趨緩。三十至四十公尺深處的溫度介於十一到十二度之間，往下則每深一百公尺增加三度。

不過，關於地底世界因溫度較高，生命週期也就較快的說法，其實是個謬誤。因為領銜全球生命週期最緩慢排行榜的生物，偏偏正好也是全球最樂於繁殖的生命型態：細菌。相對於這類生物中許多會以極為驚人的速度來繁殖（例如我們腸道中的某些菌種，每二十分鐘就會分裂一次，也就是翻倍），那些住在地下幾公里深處的居民，似乎就完全免除了時間壓力。根據《明鏡週刊》對美國地球物理學聯盟會議的報導可知，有些菌種要花上五百年的時間才分裂一次。[16]在這種條件下，應該沒有食物會腐敗，也不會爆發任何細菌感染疾病，因為在這些微生物開始動手之前，它們的宿主（也就是我們）早就一命嗚呼了。所以，這種緩慢的速度要歸咎於那裡不適宜生存的環境，地底深處的特徵是高壓與高溫。至今這類微生物中的紀錄保持者，不僅能耐受超過攝氏一百二十度的高溫，還能活力充沛地繼續分裂下去——當然，是以它自己的速度。

在這個地底王國之中，乍看似乎數百年如一日。然而，事實並非全然如此，因為這裡的一切都在流動中。每當地面上下起大雨，就會有水不斷地往下滲——至少在德國所處的緯度帶是如此，因為這裡每年的降雨量都超過蒸發量。假若情況並非超過而是不及，那我們可就要置身於沙漠景觀中了。其實某些區域與此也相去不遠了，只要觀察一下水平衡狀態，情況就會再清楚不過。德國每年平均蒸發掉四百八十一公升的水——每平方公里！[17]而布蘭登堡邦某些地區在同樣面積土地上一年所下的雨，幾乎不比這多多少，這意味此處地下水所能得到的補注量根本微不足道。在氣候變遷的過程中蒸發率持續上升，因此很可能在不久的將來，這裡的地下水補給真的會出現中斷；但是它需要補給，因為總有一些地下水會消失到其他地方去。

地下水在地面上敞開的「傷口」，就是泉水。對我們而言是輕快噴湧的自然奇觀，對某些地底世界的生命來說，卻肯定是場災難。一些小蝦、小蟹及蠕蟲一旦被岩層中的水流突如其來地沖出地面，通常轉眼就會因遽變的環境而一命嗚呼。此外，真正的地下出水口，在冬天特別容易辨認——它們基本上不會凍結。這裡的水溫大多可以維持在十度左右，除非連出水口四周都結凍了，才會在冷冽的空氣中降溫。所以在零下氣溫中仍保有些許動靜的開放水源，必然是真正的地下水源露口。

再回到生物多樣性。最近的研究證實，地下水這個生活空間，有著令人意想不到的豐富的甲殼類動物與其他微小生物。這些缺乏視力的小東西，划行在一片漆黑的地下水流中，說不定早就隨著飲用水，到我們早餐喝的咖啡裡一遊了。大部分的自來水處理廠，是從很深的地下水層中抽出原水，而這就像拔掉了一個原本密封著的生存空間的瓶塞。

即使有自來水廠裡那些繁複且昂貴的過濾處理步驟，小動物還是會現身在咖啡杯裡嗎？沒錯，這些小傢伙，最大如有兩公分長的水櫛水虱（Wasserassel），就是有辦法突破各種攔截，持續進到自來水管中，即使歷經所有的淨水處理機制，還是能快活地自顧自生存下去。反正我們家中地下室裡的水管，說起來跟地下水層的延伸也沒什麼兩樣，它又暗又涼又乾淨；至少在我們轉開冷水時就會注意到——那是地下水原有的溫度。在水龍頭被轉開的那一瞬間，一隻小東西可能會因為一下失去支撐，而跟著水一起往前流瀉。經過一番輾轉，牠可能真的就進了我們的咖啡杯，隨後是我們的胃。不過會來到自來水管線網路中的可不只有水櫛水虱，牠的許多室友體型更小，比方說細菌。菌類會在水管內壁形成草皮般的厚厚一層，並完全覆滿金屬管壁。在我們所喝的每一口水中，也都找得到它們的蹤跡。

然而，如果不借助顯微鏡，即使再怎樣仔細端詳，可能還是無法發現大部分的不速之客，唯一的例外是像水櫛水虱這樣的「巨人」。若是沒有光線，無論是眼睛或體色都派不上用場，因此典型的地下水生物既沒有視力，身體也是透明蒼白。不過缺乏光線還造成了另一個問題：沒有日照就沒有光合作用，也就沒有植物能製造營養物質。因此，這一大隊住在我們星球地下室裡的子民，必須仰賴來自地面的援助而生。這裡指的是動植物的生物量，它們在腐敗分解成腐植質後，會隨著下滲的雨水慢慢沉降至地底深處。

在一路向下沉降的過程中，這些養分會經歷多次轉化；因為一如地表世界，這裡也存在著食物鏈。細菌構成了這些地下子民中的最大族群，它們無所不在，四處定居並繁衍成層（就像在自來水管中）。這些細菌「草皮」會被像鞭毛蟲或纖毛蟲這種最小的掠食性動物吃掉，也還好有這些貪吃的小傢伙，否則在這地底岩層深處，遲早所有的孔隙都會被堵住。不過這些小東西當然有牠的剋星，那就是太陽蟲（Sonnentierchen），牠體型稍大，特別喜歡吃掉其他動物同伴。[18]地底下就存在著一個這樣的完整生態系，幾乎不被人類注意到。除非我們為了自己的用途，將它的以及我們的救命仙丹——也就是水——往上抽取出來。

順帶一提，我們的話題剛剛停在早晨的咖啡，以及裡面夾帶的盲目乘客，如果飲料裡有細菌的想法，讓你覺得不是很舒服，或許延伸的資訊能修正你腦袋中的那個畫面。因為人類本身，其實就是某種搭載這些微生物的航空母艦。我們的身體除了容納有自己的三十兆個細胞外，還有跟這個數目一樣多的細菌，多半生活在腸道中。[19]上千種不同的菌類在這裡自顧自地幹著活，而且大部分的情況下都攸關我們的性命，它們不是增加人體對疾病的免疫力，就是幫忙消化掉那些很難消化的東西。所以，是不是有幾隻這樣無害的小傢伙，經由飲用水來找上你，真的有那麼重要嗎？更何況，它們也會在你的消化系統中，嚥下自己最後的一口氣。

森林對地下水極為重要，重要到有些自來水公司甚至向林主提供獎金，鼓勵他們更審慎管理森林。這其實很矛盾，因為首先樹木本身就是水的巨大消耗者，成年的山毛櫸樹乾渴時，能

在一個炎炎夏日裡，從土壤中吸收多達五百公升的水分。這些水消耗在不同的作用中，絕大多數會經由葉片的泌水孔蒸散掉。相較之下，草地就省水許多。

不過樹木，特別是那些德國本土的闊葉樹種有一項優勢：它們以向上斜舉的枝椏來集聚濕涼的雨水，而水的目標就是順著樹幹往下流向根部。有一次，我在惡劣的雷雨中站在一棵非常老的山毛櫸樹下（不建議仿傚！），因而得以身歷其境地觀察這個集水行動。從樹皮上沖刷而下的水量是如此驚人，以致樹幹根部冒出了像剛倒的啤酒般的泡沫。

所有匯集到樹木根部的水，都會滲入疏鬆的土壤中，它的吸收能力就像塊海綿，再強烈的驟雨也能被吸納，並在土壤層中慢慢向下移動。雖然，待日後天氣乾燥時，樹木會再從中取回一部分的水來用——畢竟它根部周圍的地層就像個水箱，只要渴了，樹木隨時可從中倒出來灌一口，不過其他的水會繼續向下移動，抵達沒有任何植物的根能及的地層，因為它們沒辦法長得這麼深。在這裡，這些水會變成緩慢流動的地下水流的一部分。

然而，中歐地區的地下水源，只在冬季時能得到補給，因為此時植物世界正在進行冬眠。時值山毛櫸樹與橡樹的休眠期間，水分也得以不受攔截地經過它們的根部，然後消失在地層深處。反之，夏天的降雨對森林來說本來就很不足，此時土壤中所有的水分會再度被饑渴地吸取，向上輸送至樹幹。

這個事實，讓我對氣候變遷多了一層顧慮，因為暖化改變了好幾個參數：首先，水的蒸發變快，於是即使沒有植物作用，地面也會相對比較乾；此外，就像我們一樣，樹木在炎熱時也會喝下較多的水；再者，因為生長季變長，植物的休眠期也會縮短，而這恰好是森林冬眠及土壤層補注水源的時間。不過，即使有這些考量，在森林的腳底下，未來應該還是有辦法形成足夠的新地下水——只要我們不因伐木而過度損害這個機制。

開放的草地或甚至耕地，在水的吸收能力上則相對較弱。野生動物或家畜足蹄的踐踏會使地面變得密實，今日造成這個效應的則是大型農機，而它所影響到的土壤層要更深得多。這塊土壤海綿會被上下一起壓密，但與我們家裡的海綿不同，它不會再恢復原狀。此後，土壤幾乎無法再吸收大量的降雨，雨水會經由快速成形的溝豁流走，並注入附近的小溪（小溪則會匯入附近那條把淡水挾持至大海的河流）。這事關一地地下水源的流失，土壤侵蝕則會進一步加速這個過程。

另外，草地及耕地上方空氣增溫的幅度遠比森林更大，而這讓地面更容易乾燥化。也就是說，眾多生命所仰賴的水氣逸散至空中，並被氣流帶走，而這更加劇了乾燥的效應。

不過，地下水所面臨的最大威脅，並非氣候變遷，而是天然資源的開採。新開採技術「水力壓裂」（Fracking）造成的傷害尤深，其作法是將水以高壓打進地底深處，使地層裂開；水中摻合的沙子及化學劑則會撐開裂隙，讓原本被閉鎖在內的天然氣及石油一湧而上。對於如此粗暴的襲擊，這個生態系統毫無招架之力，畢竟它的特質就是亙久恆常的環境與絕對的緩慢。對此，我們僅能抱持著一絲希望，就是這種開採方式不要在太多區域獲得通行證。

若非如此，森林早已經為地下水源打造出了最佳防護網。對那些遠住在樹根之下好幾百公尺深樓層裡的小甲殼類動物而言，樹木就是牠們的祕密守護者。不過山毛櫸樹及橡樹與狍鹿等其他動物的關係，可就全然緊繃了。在以下這個例子裡，我們完全可以用「走味」來形容樹木與狍鹿之間的關係，而這真的就是字面上的意思。

不對味的樹

要是掃過的夏季氣旋颳倒了幾棵老山毛櫸樹，森林裡便會乍現一座光之島嶼。

狍鹿與樹木的關係很矛盾，牠不喜歡森林，卻被視為一種森林動物——只因人們最常在那裡見到牠。牠與所有的大型食草動物一樣，都有個問題：只能吃自己搆得著的植物。然而，這些植物對這種攻擊通常有備而來，不管是尖刺、倒鈎、毒素或又粗又硬的樹皮，都是它們軍械庫裡常見的防衛武器。

而德國森林裡的樹，並沒有發展出這些裝備。所以它們的新生代，就得手無寸鐵地任人痛咬嗎？其實只要環顧一下森林，就能看出山毛櫸樹武裝自己的策略。這些闊葉樹下一片空蕩，根本沒什麼其他植物，只有偶爾一兩株寂寞的蕨類或幾叢青草會出現在某處，仰賴著最微弱的光來生長。這裡或許曾經轟然倒下一棵老林巨木，而這允許了些許陽光照射到地面上。不過這點光線，還不足以帶來旺盛的糖分生產，因此相對於開放空地上的植被，這裡的草本植物養分較少，質地較粗韌，味道也較苦澀。

然而，森林裡絕大部分的角落都要更暗，因為能夠穿透樹冠層的光線，只有百分之三——簡直是漆黑一片。不過當我們穿梭在林立的樹幹間，或許並不會這樣覺得，這一切都多虧了「綠色的影子」。樹木藉由葉片裡的葉綠素，將陽光、水，以及二氧化碳轉換成糖，而葉綠素具有一種「綠色缺口」，無法利用這個波段的光。這也是為什麼綠光會被反射回來，這便使森林在造訪它的人類眼中，會顯得明亮些。不過植物在某種程度上是「看不到」這種顏色的，而光譜上其他百分之九十七的光，又已經在樹冠上被攔截利用，所以從植物的角度來看，這裡確實一片漆黑。

而小山毛櫸樹的處境，自然也是如此。落在那些單薄的小葉子上的微弱光線，使它們只能製造出最低限度的糖分，因此不論是枝椏或嫩芽，幾乎都不含絲毫營養物質。為了不使小樹因缺乏光合作用而餓死，母樹會透過與小樹在根部的結合生長，將養分溶液供應給它——也就是貨真價實的哺乳。然而，草本植物與禾草類植物因為得不到這樣的接濟照顧，除了前述那種小小的林間隙地之外，根本沒辦法生長。

因此這個總被說成有如天堂樂園的森林，在狍鹿眼中應該是這樣的：幾個角落長了些嚼起來乾澀如柴的雜草與植物，其他地方除了年輕強韌的小山毛櫸樹，就幾乎什麼都沒有。即使它的葉子稱得上好吃，也是一種動物和我們同樣都不喜歡的無比單調的食物。想像一下，自己必須連續一整個月天天吃最愛的食物——不消幾天，應該就說不上是什麼享受了吧。對於如此一成不變且在營養成分上也過分單一的餐點，狍鹿會樂於放棄，尤其是泌乳期間的母鹿更是如此。相較之下，森林邊緣的環境會理想得多，就像林邊河岸地帶——那裡陽光普照，在最肥沃的土壤上長著充滿能量的青草與各種草本植物。可惜的是，這種邊界地帶在森林密布的中歐地區天生就很少，也因此狍鹿在森林裡的分布密度原本就很低。

於是也難怪狍鹿最喜愛的環境，就是「受到干擾的地帶」。例如要是掃過的夏季氣旋颳倒了幾棵老山毛櫸樹，森林裡便會乍現一座光之島嶼。前述那些不適應森林的植物，會以迅雷不及掩耳之姿，在這裡搶攻地盤，而它們所帶來的好處可不少。充足的陽光代表著滿載的光合作用效率，這會在那些植物的葉子及嫩芽裡，以美味的碳水化合物形式呈現出來。即使是那些毫無預警地突然置身光亮中的小山毛櫸樹，現在也會變得清甜可口。對我們體型最小的鹿科動物來說，這才是不折不扣的樂園。狍鹿喜愛高能量食物，因此學界也將其歸於「精食者」

（Konzentratselektierer）*，我們如果像牠一樣進食，三餐的內容大概就是速食、巧克力，再外加維也命丸。不過倒也不用擔心狍鹿會因此變得太胖，因為這樣的卡路里小島，在森林裡本來就不多。

在危險浮現時轉身跑開，對小型食草動物並不是個好主意，因為狼可以毫無困難地跟上牠並出手攻擊，所以比較聰明的做法是先躲起來。即使非得要跑開，狍鹿也只會暫時逃離，在幾個快速改向的急轉彎後，就會試著再回到原有的藏匿處。牠會以十字交叉的方式橫過自己先前的足跡，讓追蹤者備感迷惑，不知該依循哪一條線索。在安全抵達巢穴後，牠會隱身在成群的矮樹叢中。狍鹿之所以終其一生都是獨行俠，成群結隊遠比單槍匹馬引人耳目是原因之一；其次則是前述的原始森林缺乏食物這點。要養活較大的鹿群，森林地面的食物來源實在太少，因此若要填飽肚子，一群鹿必須移動很大的範圍，然而較遠的路線，也意味著在路上撞見狼群的危險更高。因此保持單槍匹馬，還是比較理想的狀態。

這個原則貫徹得如此徹底，就連母鹿在覓食時，都會把幼鹿單獨留在某處。在出生後的三到四星期內這完全正常，這段期間幼鹿還沒辦法跟上媽媽的腳步，因此為了不受牽絆地自由移動，母鹿會留下幼鹿，讓牠們（大多是雙胞胎）蹲踞藏匿在茂密的高草深處或灌木叢中。一旦有敵人接近，牠們會盡量向地面壓低身體，以免被發現。可惜有些人常將這種行為解讀為遺棄，並把看似全然無助的幼仔帶回家，但因為幼鹿會拒喝奶瓶裡的奶，反而經常得忍受饑餓之苦。

缺乏大家族的連結，是許多森林動物的典型生活，例如山貓便是如此。牠的活動領域之大，有時甚至超過一百平方公里，山貓就孤獨地漫遊其中，只有在繁殖季時，才會尋求與異性同類短暫接觸。

不過紅鹿的行為就完全不同了。本屬草原動物的牠們，以大型群體的模式過著社會生活，只有母鹿在生產時會離開群體，在絕對的安靜與隱密中產下幼仔。當掠食者出現時，紅鹿會成群逃離，長途跋涉地另找一處視線無礙、可以遠眺四方的草地停留。今天牠們依然保有這樣的行為，即使在人類的排擠下牠們被逼進了森林——我們不想再與紅鹿共享開放空間，因為這裡

——譯註——

＊反芻動物可依食物及消化系統的特徵，區分為粗食者、中間型攝食者及精食者三類。粗食者攝食大量的高纖維性食物，再藉由反芻慢慢消化；精食者則胃容量小，採食頻繁，喜愛嫩枝、樹葉、花芽、果實等蛋白質和能量豐富的多汁食物；中間攝食者落在兩類之間。

有了耕地與聚落。

回到狍鹿，現在牠們的日子過得可好多了，過去那種幽暗的原始森林，已不復存在。今天我們一般稱作「森林」的地表植被，已經徹頭徹尾地改變。不妨以鳥瞰的方式看看我們的地貌吧，就像網路上的衛星空照圖，看起來就像一塊帶著破洞的巨大補綴式地毯。至少從生態的觀點來看，所有的林地面積都很小：只要是面積不足兩百平方公里大的土地，就連一支狼群的生存空間都無法滿足。

然而，這無數零星破碎的林地，對狍鹿而言卻是個大利多：因為現在到處都找得到牠所喜愛的森林邊緣。曾經只要碰巧多幾棵樹一起被颳倒就算走運，而如今森林的地面上，到處都有充足的日照，於是各種草本與禾草植物開始欣欣向榮。而且這種情況還不只出現在森林邊緣。所謂的林業經營，代表的不外乎是把樹木培養茁壯然後採伐；而皆伐雖是獲取這種原料的最殘暴形式，對草食性動物而言，卻不啻為一大機遇。樹冠層所構成的惱人陰影被排除了，其他植物得以全面接收這整個地盤。不僅如此，它們還獲得了大量的肥料：充足的陽光讓地表變得更溫暖，使土壤深處的真菌與細菌活躍起來，並在不到幾年的時間裡，將整個腐植質層分解完畢。因為有太多營養物質被釋放出來，連競相萌發的植物都吸收不了全部。它們生長神速，並且整株富含糖分及其他類型的碳水化合物——這對狍鹿來說，簡直是人間美味。在這樣的區塊裡，牠不需要遊走太遠，幾平方公尺大的面積，就足以讓牠吃撐且飽食終日。

如此一來，草食性動物的數量簡直可說是大爆發，因為如同所有的物種，充足的養分會立刻反映在繁殖率上。不是一胎，而是兩胎，有時甚至是三胎，在性別上則多半為雌性；這又進一步促使牠們的數量成長。就物種本身而言，這是個再理想不過的演進過程；因為這個生存空間會徹底被牠自己佔有，直到吃完最後一根草。

特別是在幾場像一九九〇年的維維安（Vivian）與維布克（Wiebke），以及二〇〇七年的克利爾（Kyrill）之類的劇烈風暴過後，許多森林根本是應聲全倒、無一倖免，這對野生動物數量的暴增，更完全有推波助瀾之效。在那些倒木中，雲杉尤佔了大多數，不過松樹與花旗松也為數不少；這些人工栽培林中的樹種，只要風速每小時超過一百公里就有被摺倒的危險。它們的根在苗圃裡修剪時已經受損，修剪可以讓樹苗的栽種輕鬆省力一些，因為這樣一來就不需要挖太大的洞。

然而，這麼做的後遺症，是那些樹苗再也無法發展出完整健康的根。於是風暴來襲時，要牢牢抓住地面幾乎變成不可能的任務；此外，上述樹種冬季時都仍然保有針葉，也因此受風面積特別大，與山毛櫸樹及橡樹截然不同。這些闊葉樹在秋葉落盡之後，以漂亮的流線型體態挺立於森林中，能夠應付大部分的風暴且全身而退。所以針葉樹的栽種，等於也間接促成了狍鹿的繁盛。

過去在風災損害之外，還要再加上皆伐的效應，那是林業經營中依計畫執行的一種所謂的最終處置方式。做法是將整個區塊內樹齡相同的樹全部一次採伐，比起只砍掉其中部分的擇伐，這在成本上明顯低廉許多。不過面積大於一公頃的皆伐，至少在今天的中歐地區已被視為不合時宜。

所以狍鹿的好日子終結了嗎？一點都不。因為擇伐也同樣有利於森林地面植被的生長。為了替品質特優的個體爭取更多生長空間，一些樹會被定期清除。這種規律且持續的疏林行動，具有一種較緩和的皆伐效果。比起原始森林，一座經濟林在樹木生物量上少了百分五十；這使更多陽光可以照射到地面，草本植物、草類及灌木大舉進佔，林下的溫度同時上升（大約三度）。這裡提供給狍鹿的吃到飽大餐，菜色上或許沒有皆伐後所端出的那麼豐盛，卻也堪稱是擺滿整座森林各角落的流水席。

也因為全德國境內的經濟林面積就佔了百分之九十八，這等於是一種規模空前的餵養行動。再加上那些為了保全潛在獵物而將成噸食物運進森林裡的獵人，結果就是狍鹿的數量劇增，今天漫遊在我們森林裡的狍鹿，數量甚至是這種干預發生前的五十倍。

此外，哪裡的森林景觀發生了轉變且如何轉變，我們自己就能輕易查證到。在德國這個緯度帶的天然林裡，除了少數角落之外，其實並沒有草類、草本植物及灌木。這些植物之所以能大面積生長，追根究柢，都起因於人類活動對生態系所造成的干擾，而至少狍鹿對此可是樂見其成。

不過對某些植物來說，情勢可就不同了。因為這種小型鹿科動物跟我們一模一樣，對吃也有自己的偏好。在牠的美食名單中，名列前茅的有山毛櫸、橡樹、櫻桃樹，以及其他闊葉樹的嫩葉幼苗，不過逐漸趨於罕見的銀冷杉小樹，也是牠的最愛。除此之外，還有柳蘭（Waldweidenröschen）——一種高度盈尺的多年生草本植物，有著亮眼的紫紅色小花——以及比較不起眼的覆盆子，也都是讓牠垂涎的對象。因此，會先從這些眼中的珍饈下手是理所當然，而且因為狍鹿的數量如此之大，這些植物也終究會全部消失。取而代之擴張分布領域的，則是像黑莓、薊科及蕁麻科這類較能自我防禦的植物。

基本上，德國本土的原始森林並不認識大型食草動物，這是個可以輕易推論出來的事實——因為它們對這些飢腸轆轆的哺乳類動物，並沒有發展出防衛措施。既沒有利刺倒鈎，葉子又不具毒素，也缺乏亂枝交織成的無法穿透的屏障。完全沒有。山毛櫸樹或橡樹為那些想來大嚼幾口的饕客所奉上的，是它幾乎毫無防衛能力的孩子。它僅有的一點保護措施，是讓地面永遠保持著全然的幽暗，這使前述的大部分植物在這裡毫無生路，也使森林這個群落生境（Biotop）變得不具吸引力。

不過這點微弱的防衛能力，也只在動物的數量像過去狍鹿這麼少時才具效果。只需要一大群饑餓的原牛或歐洲野馬（原始馬），便能讓森林毫無招架之力，牠們會乾脆直接撕下樹皮，導致樹幹及樹冠逐漸枯萎，如此便為草原的生長，創造出足夠的空間與光線，接著草食性動物會以這裡生長的植被為食，最後森林便會消失。然而，此現象並未在中歐地區發生，我認為這是個再清楚不過的信號，說明這裡並未有過這種持續的嚴峻威脅，否則演化早就反向操作了。

不過這種情況，在草原植物身上會全然不同。野馬、野牛及紅鹿以這一大片覆滿青草的土地為家，而牠們偶爾也喜歡換換口味，嚐鮮一下灌木與喬木新發的嫩芽。於是生長在這種環境下的木質莖植物，為了自我防衛，必須對攻擊者以暴制暴。黑刺李就是個典型的代表，即使死去多年，它那利刃般的尖刺仍是如此鋒利，不僅可以輕而易舉地穿透任何表皮，連塑膠雨靴及汽車輪胎都能刺入。配備類似防衛武器的還有野蘋果，它與黑刺李同屬薔薇科植物——這裡歸納出一個簡單原則：薔薇科＝帶刺＝草原。

不喜歡製造尖銳武器者，就會自備毒素，譬如像毛地黃、擬金雀花屬（Ginster）或千里光屬（Jakobskreuzkraut）的植物。千里光屬的植物因毒害效果會隨時間累積，所以高度危險；其初期症狀僅是輕微的肝臟受損，然而一旦誤食，便會在某個時候倒地而亡，一口也無法再多吃。但也不是所有吃了它的動物，都會有同樣的遭遇。

像是鱗翅目的昆蟲，不僅以這種開著漂亮黃花的多年生草本植物為食，還利用它來自我保護。以朱砂蛾（Jakobskrautbär）為例，牠的幼蟲可以整天一片接一片地蠶食著這些小葉子，而且牠吸收到體內的可不只是熱量，還有毒素。這對牠本身絲毫無損，然而任何想要吃掉牠的天敵，可就都要倒大霉。為了對攻擊者發出這是致命一餐的警告，這些幼蟲身上有著黃黑相間的環狀條紋。如同其他例子顯示（像黃蜂與蠑螈），這種組合似乎是動物界通用的警告色彩。

所以到處都有植物在為「不被吃掉」而奮戰。雖然它們在這方面非常平和，最新的研究卻顯示，闊葉樹其實不像一般人（包括我）長久以來所認為的那樣全然無所作為。對此，萊比錫大學（Universität Leipzig）及德國整合式生物多樣性研究中心（iDiv）的科學家，模擬了動物對小山毛櫸樹和楓樹的攻擊。當狍鹿在小樹的芽尖上痛快地咬上一大口時，也總會在傷口上留下一些唾液，而被咬傷的小樹，顯然有辦法辨識這些唾液。研究人員模仿了這個過程，將狍鹿的唾液以滴管滴在樹木切開的傷口上，並發現小樹回應的方式是製造出一種水楊酸，這種酸會讓它產生更多防衛物質，使自己變得難以入口。反之，如果研究人員把嫩芽折斷，但接下來不在上面滴上口水，山毛櫸樹與楓樹則只會形成具療傷作用的荷爾蒙，以儘快癒合自己的傷口。[20]於是，這個研究也順便證明了，這兩種樹（許多其他的樹可能也是）竟然能辯認哺乳類動物。

不過，當野生動物的密度達到一定程度之後，這種能力也沒什麼用處了。牠們會吃光自己棲息環境裡所有能吃的東西，即使是那些難吃走味的小樹嫩芽，也會被啃得一乾二淨。絕望的林主為了幫這些樹苗逃過一劫，有時候會在嫩芽上抹一些口感苦澀的物質，在我剛開始入行時，也曾試過這麼做。然而，僅僅是野生動物數量這點，就足以讓這種手段完全失效。痛苦難耐的饑餓讓狍鹿饑不擇食，竟可以把嫩芽連同上面塗抹的白色膏狀物一起吞下肚。

森林裡的幼苗被吃光且導致老林地高齡化的問題，在中歐許多地區都非常嚴峻；這顯示目前野生動物的數量，已經達到一種連樹木都窮於應付的空前規模。怎樣才能再扭轉這種局勢呢？其實就是讓森林保有更多的樹，換句話說，林業經營必須慢下腳步，調整為以低速檔前進的模式。更多的樹可以讓森林的光線再度變弱，這使山毛櫸樹及橡樹得以採行它們承襲自遠古的光線控管策略。除此之外，若獵人也能放棄他們冬季的餵養行動，情勢就會明顯好轉。如果再加上狼的作用（牠真的回來了！），或許我們這裡也會出現黃石公園效應。

不過這口自然界的老鐘，是再也沒辦法走得像過去那麼精確準時了。因為前述那種由農地、田野，以及小塊森林所組成的補綴地毯式地貌，沒有人能夠、也沒有人想改變——即使是我也一樣。畢竟一早醒來我的胃也是空空如也，也渴望在早餐吃得到小圓麵包，因此，還是得有人來耕作一塊小麥田。

人類為了自己的方便與利益，而對地貌進行改造，從中得到好處者可不只有狍鹿。對我們的環境影響至深的，還有跟狍鹿體色同樣偏棕的其他動物。不過牠們體型迷你，極其驍勇善戰，還很喜歡勿忘我（Vergissmeinnicht）這種藍色小花。

螞蟻雄兵——祕密統治者

所以螞蟻真的是益蟲囉？

我家花園裡，整個夏天都開著數不清的勿忘我。那藍色的花毯鋪在每一個角落，還總是不請自來地潛進菜圃，並且頑強地定居下來。也因為它是如此美麗，所以我們通常是不予干涉，默許它佔領這塊土地。不過勿忘我之所以能如此成功，可都要拜它那一大隊迷你結盟者之賜，也就是螞蟻。

螞蟻不見得愛花，或至少不是因為視覺因素而愛花。驅使螞蟻接近這種開花植物的原因，更常是饑餓，不過只在勿忘我結籽之時。勿忘我的種子，簡直就是以要讓螞蟻口水直流為目的來設計：外層長有油質體（Elaiosom），讓它看起來就像一小塊蛋糕屑，如此富含油脂和糖分的小點心，對螞蟻的誘惑程度勘比洋芋片和巧克力。這些小傢伙會猴急地把種子搬回家，在地下通道中，牠的同胞已經在熱切等候這批熱量補給。牠們會把這美味的油質體吃得乾乾淨淨，真正的種子則是剩餘的「垃圾」。接下來，工蟻會負責將這些垃圾搬運到附近丟棄——最多可離牠們舒適的巢穴七十公尺遠。除了勿忘我之外，同樣也享有這種播種服務的，還有野草莓（Walderdbeeren）以及森林紫羅蘭（Waldveilchen），螞蟻在這裡的作用，某種程度上就像大自然的園丁。

牠們是數量驚人的小兵，在森林裡及田野間勤奮地幹著活，而且其所作所為，在某些方面幾乎可媲美人類。至今所發現的螞蟻種類大約有一萬種，《時代週報》（*Die Zeit*）曾經花了點精神估算過這個昆蟲家族所有成員的總重量：結論是與我們這個星球上所有人類的重量相當。[21]

相對於黃土蟻（Wiesenameise）大多體型迷你，紅林蟻（Rote Waldameise）則不管在身體或在巢穴的建構上，都常有較大的規格。我在自己林區裡至今發現的最大蟻丘，直徑幾乎有五公尺。我對紅林蟻（可說是森林裡最常見的螞蟻）的初體驗，來自小時候全家一起散步的經歷。只要發現小徑旁有這種群居昆蟲建造出的大巢穴，母親就會樂此不疲地重複這個儀式：站到蟻丘旁，張開手輕拍它的表面。接下來我們會獲准聞聞她的手掌，而那辛辣刺鼻的蟻酸味會立刻竄入鼻孔——為了抵抗敵人，螞蟻會把腹部往前伸，並朝攻擊者噴射蟻酸。不過當我們在一旁觀戰時，也必須不斷這腳換那腳地快速跳動，以免有幾隻膽敢越過鞋面並闖進褲管，然後狠狠地咬一口，那真的很痛。

螞蟻的防禦性很強，不過這也難怪，畢竟牠與蜜蜂有親屬關係。牠們的社會結構非常相似，不同的是螞蟻可以同時有好幾個蟻后；此外，有親屬關係的蟻群之間對彼此的容忍度很高，而這在蜜蜂身上則看不到。蜜蜂在秋天時特別會不斷互相突襲，在血戰中落敗的蜂群，皆難逃殘酷屠殺及洗劫一空的下場。螞蟻就和平多了，不過也僅限於自己人當中。雖然牠也「喜歡」某些非我族類，但純粹從食物的觀點而言。譬如螞蟻喜歡將樹皮甲蟲及其幼蟲搬運到巢穴中餵養自家的孩子，這些蟻子蟻孫的胃口之大，夏季時最多可讓蟻窩方圓五十公尺內數百萬甲蟲的小命，都終結在牠們手中。

有本事把整座森林吃個精光的，在雲杉栽培林中是令人聞之色變的雲杉八齒小蠹（Buchdrucker），在面積廣大的單一松樹栽培林裡，則是像松毛蟲（Kieferspinner）或松夜蛾（Kieferneule）這些鱗翅目昆蟲的幼蟲。能夠逃過一劫者，就只有蟻丘周圍的樹木：蟻群的活動區域，是一片死木海洋中倖存的綠色小島。很快地，「守護森林健康的警察」這樣的名號出現了，螞蟻從此以守林員及林主好幫手的身分被嚴加保護。也因為牠們不僅會吃掉惡名昭彰的害蟲，還包括動物的腐屍，這使牠的稱號更加名副其實。另外有幾種稀有鳥類也得到了螞蟻的「相助」，即使那並非出於自願，例如像烏鴉一樣大的黑啄木鳥、黑琴雞（Birkhuhn）與松雞，就都很樂意動手從蟻丘裡啄出幼蟲和蛹來吃。林蟻因此也毫無疑問地被歸入「益蟲」的類別。

然而，如果我們更仔細再審視一下螞蟻這個物種，心裡不免要升起一絲疑惑。其中可能浮現的問題，便是螞蟻是否確實值得保護。先說明一下，以「表示尊重」為出發點所定義的保護價值，應該適用於每一種生命，不論其為常見或罕見物種。然而，如果是以「提供必要積極的協助」來定義保護價值，則完全是另一回事，在林蟻的例子裡也並不恰當——至少在德國所處的緯度帶裡。因為林蟻可說是人類活動的追隨者，唯有在針葉樹栽培業過度氾濫時，才會繁衍擴張。這些能造出一座又一座矮丘的小兵，不曾出現在我們原有的闊葉森林裡——你從沒看過用闊葉樹葉搭建成的蟻丘吧？再者，若想在春天及時動起來幹活，林蟻需要大量的日照；牠們會出動到蟻丘上做日光浴，把自己曬暖後再爬回巢穴讓熱能發散出來。而山毛櫸林的地面上陽光原本就極為希罕，對這些必須營造蟻丘的小師傅來說，這又是另一個淘汰標準。

即使在林蟻原有的自然群落生境中，牠們對樹木是否真的只有正面影響也還是個問號。牠們除掉了具侵略性的樹皮甲蟲，這對針葉樹當然是一大幸事，不過在林蟻包羅萬象的食物來源中不僅有肉，也包括了甜食，而這在森林裡幾乎只來自蚜蟲。蚜蟲會將口器鑽進輸送樹液的組織中，在針葉與樹皮上盡情吸吮開懷暢飲。透過光合作用「樹木的血液」富含著糖分，然而，蚜蟲所鎖定的目標根本不是它，而更是樹液中含量比例很低的蛋白質。基於這個原因，牠必須吸入大量的樹液，才能攝取到足夠的牠所渴望的稀罕物質。

喝得多也就拉得多，蚜蟲一直在做的正是如此。夏天時如果把車停在樹下，不消幾小時，就會有無數黏乎乎的液體滴滿擋風玻璃。也因為這個小東西永遠都在埋首狂吃甜食，隨著時間牠的尾部可能會被糖蜜黏住；有些種類的蚜蟲為了應付這個問題，會以蠟裹住排泄物以利排放，其他的，則是讓林蟻來助自己一臂之力。林蟻對這種甜滋滋的排泄物可說是貪得無厭，因為就像與牠有著親屬關係的蜜蜂一樣，牠的主食中有一大部分是糖。這種又被稱為蜜露（Honigtau）的糖液微滴，一支蟻群可以在一季中消耗兩百公升，而這佔了它所有熱量需求的三分之二。相較之下，在同一段時間裡，平均有一千萬隻昆蟲——共二十八公斤重或佔總熱量需求百分之三十三——進了螞蟻的五臟廟。其熱量需求比例中剩餘的少數，則是由樹液與菌絲所組成。[22]

所以林蟻與蚜蟲的關係可說是唇齒相依，而「森林警察」的封號在此出現了第一個汙點，因為蚜蟲會以不同的方式危害樹木。首先，牠讓山毛櫸樹、橡樹及雲杉損失了本身迫切需要的能量；再者，牠對樹木的穿刺及吸取其樹液會嚴重影響樹木的組織。就像只有兩公釐大且長著一對紅色小眼的雲杉峰蚜（Fichtenröhrenlaus），就會在幾種差異極大的雲杉樹種上痛下殺手，受害的針葉顏色會由綠轉黃然後枯萎脫落。這些樹看起來會很像被拔過了毛，因為它們的枝椏上最後只剩新長出的針葉。這明顯抑制了光合作用的可能性，進而嚴重阻礙雲杉樹的生長。

除了造成這些限制外，還要再加上病原體的侵入，這對樹木可能是致命的。舉例來說，山毛櫸介殼蟲（Buchenwollschildlaus）會在山毛櫸的樹皮上吸食樹液，這種全身覆滿細長絨毛的小蟲子可說是微不足道，只要數量很少就不會有什麼大礙，櫸樹可以輕易癒合幾個小小的穿刺傷口；然而，當牠們大規模繁殖，情況可就另當別論了。況且山毛櫸介殼蟲不需要雄蟲便可繁殖，在這個物種裡，至今尚未發現過雄蟲的存在。雌蟲產下未受精的卵後，幼蟲會從中孵化，並隨著風的吹送來到鄰近的山毛櫸樹上，接下來開始在那裡打洞暢飲。當樹皮上所有的小縫隙都被這種白色的，看起就像長了一層霉菌的葉蚜蟲群給佔領時，就代表有些樹已宣告投降。這種介殼蟲狹長的口器會造成幾乎無法痊癒的潮濕傷口，樹液會從這裡滲出，而真菌則會在此處定居，進而侵入樹幹，最後讓山毛櫸樹一命嗚呼。雖然，也有不少樹木能戰勝病魔，它們的樹皮上卻會終生布滿瘡疤。

生命力的損耗加上傳染病的擴散——蚜蟲的存在實非樹木之幸。現在「森林警察」登場了，螞蟻其實可以乾乾脆脆地一口吃掉這種綠色害蟲，來增加蛋白質的攝取量；不過把蚜蟲當成「乳牛」一般留著，顯然要更有利得多。不管怎麼樣，牠們都需要以某種方式獲取兩百公升的蜜露，而還有什麼會比放養蟻丘周圍樹上的蚜蟲，來得更容易呢。於是，螞蟻會幫蚜蟲對抗天敵，因為保護蚜蟲，就等於獲取獵物，可謂是一石兩鳥。譬如要是瓢蟲的幼蟲想吃掉這些綠色小蟲子，自己反而會成為螞蟻的盤中飧。

不過，蚜蟲對於自願留下並接受林蟻保護這件事，似乎也未必總是感到稱心如意。在牠們想遷徙時，之後的世代會長出翅膀，以便移動到他處。這當然瞞不過牠們的守護者，螞蟻會斷然撕毀牠們透明的雙翼，粉碎牠們飛行的夢想。更過分的，是當這種「被放養的牲口」想逃離時，還會因被施以化學戰而行動癱瘓：螞蟻會分泌一種讓蚜蟲翅膀生長變慢的物質，而且為了萬無一失，牠們甚至還額外地幫蚜蟲啟動了「剎車器」。英國倫敦大學帝國學院（Imperial College London）的研究小組就發現，螞蟻在走過闊葉或針葉上時所留下的化學傳訊素，會強迫蚜蟲以較慢的速度活動，因此蚜蟲在這些地方活動時，速度會變得比較慢。[23]所以這種看似美好的共生關係，也並非是全然你情我願的結果。

現在可能有人會提出異議，說蚜蟲不也從林蟻的關照中得到好處嗎？牠在面對瓢蟲或食蚜蠅（Schwebfliege）幼蟲的攻擊時得到了絕佳的保護，螞蟻從牠身上「擠奶」這件事對牠本身也無害，畢竟那些蜜露不過是牠的排泄物，有螞蟻在，還可以被清理得更乾淨。

問題的癥結，或許比較是在當蚜蟲注意到目前的環境已不夠理想，而想要另尋更富含樹液的樹木時。牠那現在已露出「獄卒」本性的守護者，會想盡辦法阻止這樣的遷徙。化身為獄卒的螞蟻，將牠的「乳牛牲口」以違反自然的超高密度放養在樹上，這還稱得上是森林警察嗎？再說了，如果林蟻以這種「糖業經營」方式，從根本上削弱了周遭的樹木，那牠們對林業真的有益嗎？

要回答這個問題並沒有那麼簡單，因為在本章開始時，我已提過那些在樹皮甲蟲肆虐後殘存於針葉林中的綠色小島。不管在這些倖存的雲杉上住了多少蚜蟲，情況無論如何都強過其他死掉的同類。而這正是理解不同昆蟲族群間複雜互動之關鍵所在：會攻擊樹木的不僅有蚜蟲及樹皮甲蟲，還有許多其他的物種，牠／它們全都有從樹木這個龐大的碳水化合物儲藏室分一杯籌的意圖。例如把卵產在樹皮上、且幼蟲孵出後會鑽進樹皮、並把其底下的組織吃光抹淨的吉丁蟲（Prachtkäfer），還有把樹葉啃得像被霰彈槍掃射過的象鼻甲蟲（Rüsselkäfer）——所有的這些，對樹木而言，說不定都比「捐血」給蚜蟲要糟得多。沒錯，因為螞蟻，蚜蟲的數量及樹木的「失血量」都提高了，不過同時跟著增加的，還有樹木周遭的螞蟻數量：因為樹液養分愈多，等於得到餵養機會的螞蟻幼蟲就愈多。而且，一棵樹上如果有愈多為了保護自己的「乳牛」、而去獵取其他昆蟲的螞蟻，這棵樹須承受的病蟲害攻擊就愈少。

比較令人好奇的問題，是螞蟻與蚜蟲這個生命共同體的整體利害得失究竟為何。雖然學術界對此尚未取得共識，不過認可整體效應偏正面的研究，還是佔了多數。英國蘭開斯特大學（University of Lancaster）的約翰．惠特克（John Whittaker）博士就發現，有螞蟻佔領跡象的樺樹，整體的生長狀況明顯較好。蚜蟲雖然增加了，不過也只局限在某幾種類別；那些沒有被螞蟻加以利用的，在數量上則急遽縮減。同樣大量減少的還有專吃葉子的昆蟲，比起那些沒有螞蟻定居的樺樹，這些樹所損失的樹葉量少了六倍之多。[24] 根據惠特克的研究，這種關係對懸鈴木來說似乎也是利多於弊，那些會飼養蚜蟲的螞蟻，以一種驚人的方式降低了其他嗜食樹葉昆蟲的攻擊，比起那些沒有螞蟻保護、必須自行應付這種問題的個體，這些樹在樹幹直徑的生長上快了兩到三倍。[25]

所以螞蟻真的是益蟲囉？我想生態系統太過複雜，以致這個問題沒辦法有最終的解答。如果我們在本章結束前繼續追究下去，便會發現要想理解這個例子裡錯綜的相互關係，是件永無止境且徒勞無功的任務。或許我們該把問題的焦點，放在糖分的生產上：即使有蚜蟲「放血」，一棵樹還是可以生產出總量較多的糖，因為在沒有毛毛蟲作亂的情況下，它能保有更多葉子。不過這些糖分一般會先保留在樹木內部，之後再經由根系與真菌到達土壤這個生態系統裡。

如今拜這許多獲得贊助的蚜蟲之賜，樹木下起了糖雨，滴滴落在地面的植被與土壤上——這些螞蟻雄兵也沒那麼大本事，總能及時接住所有的蜜露，所以許多糖液就這樣白白落在葉子和地面上（想想停在樹下的那些擋風玻璃變得黏乎乎的車子吧）。而這又等於是真菌所損失的營養量，因為真菌為樹木的根提供服務，與樹木存在共生的關係。

地面上損失的愈多，地底下獲得的就愈少。營養補給變差的真菌，能製造的子實體也會變少，而子實體又是許多蝸牛及昆蟲仰賴的食物。難怪一種現象的整體利害關係，在科學上幾乎無法調查得清楚。

比較容易想像的是林業經營所引發的巨變。透過清除掉原有的森林，換句話說，透過單一樹種的栽培業，受到壓迫的不僅是一種物種（在德國就是山毛櫸樹），而是與它有關的整個生命共同體。如果我們之前談到的還僅僅是小齒輪，現在這裡被替換掉的，則堪比整座時鐘。而這座新的鐘能否走得和舊的一樣好，還需打上個問號。

可惜我們的「森林警察」並不在乎這座鐘如何運轉，牠只對個別的「小壞蛋」感興趣——其中我們已經認識了幾種，譬如松毛蟲、松夜蛾和樹皮甲蟲等等。而下一章，我們就要更仔細地來端詳一下樹皮甲蟲。

凶惡的樹皮甲蟲？

像雲杉八齒小蠹等昆蟲，不僅對健康的森林絕對無害，更是種美好生命的存在。

雲杉八齒小蠹、中穴星坑小蠹（Kupferstecher）、縱坑切梢小蠹（Waldgärtner）……在這些奇特的昆蟲名字背後，隱藏了我們森林裡最令人聞之色變的破壞者排行榜前幾名。牠們都是「樹皮甲蟲」，而你肯定也聽過這個名號，如今牠們的形象是如此負面，以致我常被問到，我們保留區裡的那些枯木會不會是這種害蟲繁殖的溫床，把牠們一網打盡是否比較保險。然而，像雲杉八齒小蠹等昆蟲，不僅對健康的森林絕對無害，更是種美好生命的存在。現在，讓我們直接來看看牠們的自然生存空間吧！

一如從牠的名號「Borkenkäfer」所能臆測的，樹皮甲蟲住在森林裡。Borke別無他意，在德文指的就是「外皮」，或更確切地說，是「樹皮」的同義詞。*樹木是牠們的生存空間，但也並非隨便哪棵樹都行；每一種甲蟲都有牠的偏好，像雲杉八齒小蠹就特別鍾愛雲杉，因此牠的擴散，與一地是否有雲杉林息息相關。春天時，當氣溫逐漸上升到二十度，牠的成蟲便會從樹皮下的避冬處爬出，為交配而展開婚飛。不過事情也沒那麼簡單，因為要一切就緒，雄蟲得先大費周章地做好事前的準備。

首先牠得找到一棵體質衰弱的雲杉樹。對昆蟲的攻擊雲杉會加以防衛（如同所有的樹），而有誰會想在第一次交配前就送掉小命？因此甲蟲的目標，是那些散出的氣味物質特別微弱的樹。樹木在壓力下會互通聲息，例如當天氣過分乾燥，而地底下可能要面臨嚴重缺水危機時，第一批有所警覺的個體，就會對附近所有的同儕發出預警。於是它們會開始預防性地節制用水，以保留根部空間裡剩餘的庫存。然而糟糕的是，它們的敵人也會因此注意到有人已經面臨口乾舌燥的威脅。對於入侵的樹皮甲蟲，雲杉通常會以分泌樹脂把敵人淹死的方式來加以抵抗，但是如果它們缺乏水分，或在某方面變虛弱了，就會無法如此因應自保。

一旦雲杉八齒小蠹的雄蟲發現一個這樣的目標，就會立刻開始想辦法鑽進樹皮。這裡奉行的理念是孤注一擲，不成則敗；如果這隻雄蟲夠幸運，那麼從牠鑽出的孔穴裡，將不會冒出任何東西。然後牠會繼續在平行於樹皮纖維下的木質層裡，一公釐一公釐慢慢地鑽出通道；鑽洞時所產生的粉末，則會被向後往外推出。

這些淡褐色的粉末，對林務員來說是一級警訊，因為現在可以確定的是，這棵雲杉已經完全失去防衛能力並且瀕臨死亡。要是一隻甲蟲可以成功侵入到這種程度，牠也會藉由氣味訊息呼朋引伴，招來更多同儕。在繁殖季期間邀來更多雄性競爭者，乍看似乎有點不合邏輯，但事實卻又不見得如此。畢竟這棵樹也可能在短暫降雨後再度恢復元氣，又能製造新的樹脂以快速殲滅那打頭陣的大膽開拓者。所以樹皮甲蟲必須儘快削弱雲杉的氣力，使它無論如何都無力回天；而愈多甲蟲一起動手，就愈肯定能滅掉雲杉的生命之火。

然而，有時候多未必好：來者太多，雖然樹皮下可供鑽洞產卵的空間還夠，但是當之後孵出的幼蟲爬出小洞，並開始向四面八方以星形放射狀吃穿樹皮時，就會變得異常擁擠，結果是許多幼蟲會活活餓死。也因此當一棵樹已有足夠的雄蟲進駐，樹皮甲蟲就會發送出「客滿」的訊號，讓潛在的競爭者保持距離。不過，這些吃了閉門羹的甲蟲，也不會無功而返，因為那四

譯註

＊德文中的 Borke 是「樹皮」之意，käfer 則是「甲蟲」。

周通常一定還有其他雲杉，而它們現在會被推上火線。這些雲杉體質也很虛弱的可能性，至少在德國這個緯度帶相當高——畢竟這裡並非它們的老家，而且氣候對它們來說，向來太乾又太暖。

當雲杉八齒小蠹大量出現時，有時甚至也能擊潰健康的樹。而如果整群樹都淪陷了，就會出現所謂的「甲蟲巢」——那顏色轉為枯紅的垂死樹冠，即使在遠處都很引人注目。

說到引人注目，以化學傳訊素來溝通也有缺點，因為敵人也會跟著「聽到」這個訊息。譬如像蟻形郭公蟲（Thanasimus formicarius），這是一種在視覺上真的會讓人聯想到大型林蟻的昆蟲；當附近有雲杉八齒小蠹出沒時，牠會帶著好胃口「聞」風而至，並展開捉捕行動。而且能吃光整隊雲杉八齒小蠹老少的，不僅是牠的成蟲，連牠的幼蟲也是箇中好手。所以太過多嘴，也可算是樹皮甲蟲的缺點。

在那被邀請前來（或被拒之門外）的協助之外，雲杉八齒小蠹的雄蟲並沒有將牠原本是要來交配的目的，就此拋諸腦後。為此牠會沙沙作響地在樹皮下銼出一個交配室（抱歉，它就是這樣稱呼），然後發送進一步的氣味訊息以招喚雌蟲。如果這一招奏效，牠們會先交配，然後再繼續幹活，不過現在輪到女士了（每隻雄蟲可與一到三隻雌蟲交配）。雌蟲會繼續挖掘上面帶有小洞的通道，當整個工事完成後，再依序在那小洞裡產卵——在此同時，交配還會持續進行，如此一來，牠那三十到六十顆卵才都有機會受精。樹皮甲蟲的雄蟲此時並不會袖手旁觀，而是像個彬彬有禮的老派騎士，幫忙清理鑽洞時所產生的木屑粉末。

孵化後的幼蟲，已經完全可以在營養豐富的樹皮底層自行進食，因此當然會愈來愈胖。關於這點，我們可以從一些過季脫落的老樹皮上清楚地看到：那些幼蟲一路啃出的隧道，愈到後面愈寬，這反映出牠們日益變粗的腰身。在這些通道的終點是一個洞，結蛹且破蛹之後的甲蟲，就是從這裡出發展翅高飛——不過，當然是在牠繼續嗑掉一些樹皮，為自己好好增強了一點體力之後。要是拿起樹皮背著光觀察，就能看見上頭鑽出的洞。

從卵到成蟲的整個過程，大概十星期就綽綽有餘，因此一年繁衍好幾個世代，也並非不可能——只要天氣狀況允許。濕涼的夏天對雲杉八齒小蠹非常不利，首先樹木的自我防衛能力會因此較好，其次真菌與其他疾病也會較容易在昆蟲之間傳播（面對綿長的霪雨，不管是昆蟲還是人類都吃不消）。

不過，真菌也不見得總是有害，某些特定的甲蟲種類，甚至需要已經有真菌佔住的潮濕木頭。豚草條棘脛小蠹（Gestreifte Nutzholzborkenkäfer）就是這種甲蟲。牠會利用只是稍微變乾的垂死樹幹，這個階段的木頭，對某些真菌來說有著最理想的適居環境，因為無論是在健康樹木濕潤的木質部裡，或是在已經死透且乾燥化的個體裡，真菌都沒有立足的餘地。

這種甲蟲在此憑藉的不是運氣，牠的身體夾帶著子囊菌類真菌的孢子，所以在牠進行開挖「隧道」工程的同時，樹木會因此感染真菌。與雲杉八齒小蠹不同的，是牠會開挖得更深並利用底層的邊材，邊材是一棵樹木年輪較外圍還活著（至少在不久之前）的部分。這裡比樹幹內部的心材濕潤，那些搭便車進來的真菌也因此能大展身手。甲蟲在這裡築起了通道系統，主通道上又岔出梯子般的短分支，現在這些通道的內壁布滿了真菌，甲蟲與牠的幼蟲則皆以此為食。通道周圍的木頭會變成黑色，再加上那些被蝕蛀的孔洞，這根樹幹的價值會因此大幅降低——至少對林主與鋸木廠來說。

遭受會在木頭裡孵卵的昆蟲侵襲時，樹木的情況會與被雲杉八齒小蠹入侵非常不同，因為此時散落在樹幹外的木頭粉末並非深褐色，而幾乎是白色（只來自淺色木材）。

在樹幹上打洞，利用真菌改變木材的顏色——樹皮甲蟲會被視為害蟲，也是理所應當。而且這不僅僅是因為牠降低了原木的價值，牠在天氣乾熱的年分裡那種大量繁殖的方式，還會讓整座山的樹木集體死亡，我們在巴伐利亞森林國家公園（Nationalpark Bayerischer Wald）裡，就看得到這種現象。

而山松甲蟲（Bergkiefernkäfer）的毀滅性，則又另屬一種全然不同的等級。牠生活在北美西部的松樹林裡，特別偏愛扭葉松（Drehkiefer），行為模式則與雲杉八齒小蠹類似。只不過這裡發動攻擊，且會以誘餌招喚異性的是雌蟲。為了關閉樹木的防衛機制（流出樹脂），牠們會把一種真菌夾帶進來，讓它侵襲活著的樹皮組織，並使其癱瘓。如此一來，不僅樹木的抵抗力，連養分輸送功能都會遭到抑制，無力反抗的樹木最終只能坐等山松甲蟲長驅直入。

在過去的幾年間，這樣的報導多不勝數，這種甲蟲繁殖得如此猖獗，甚至有能力摧毀一座健康的森林。在此同時，加拿大卑詩省（British Columbia）大約有四分之三具經濟價值的林木蓄積都報銷了，而且廣大林區裡的老樹也全軍覆沒。

這裡浮現的問題是：怎麼可能會發生這種事？因為一般而言，沒有物種會毀掉自己的自然生存基礎。科學家主張這與氣候變遷有關，一來偏高的冬溫讓更多卵與幼蟲得以生存，再者甲蟲的分布現在也更往北方擴張。此外，暖化也削弱了樹木的體質，使它在面對攻擊時，抵抗力也跟著衰退。

氣候變遷是造成此問題的原因之一，這點毋庸置疑；然而其他的原因，卻為大部分的研究所隱瞞。那就是大範圍地砍除原始森林，改種植大面積的單一樹種栽培林，有利於甲蟲疾速繁殖。另外，諸如雷擊等自然因素所引發的野火，被滅火行動給抑制了，結果是森林裡的松樹要比過去多得多，於是體質較弱的個體也較多，更容易成為山松甲蟲大量繁殖的溫床。

在這段期間，山松甲蟲不斷繼續朝北方以及高地前進，也就是往較涼爽的，或者該說曾經較涼爽的地方去。在那裡牠遇到的松樹種類，從來沒見識過甲蟲，因此只能以蹩腳的手段來與甲蟲對抗。而牠原先常下手的對象扭葉松，可就沒有那麼容易制服了：當一隻甲蟲在啟動「鑽頭」時，扭葉松初步的反制措施，是往傷口打入大量的樹脂，以此淹沒侵入者，或者至少能把牠沖到傷口外。不過強悍的昆蟲還是有辦法從這團黏乎乎的液體中掙脫，還會把它轉化為一種招喚同類的化學訊息，誘使大家一起來「開動」。

樹皮甲蟲克服了第一道障礙（樹皮）後，接下來遇到的便是活生生的木質細胞。這些細胞會立刻自我了斷，藉此釋放出一種強烈的昆蟲毒素。[26]假若此時侵入的甲蟲是單槍匹馬，下場不外是一命嗚呼；但如果有一大隊同類已在牠的求援訊號中循線而來，這棵樹在疲於應付之下，很快就會力盡氣虛地放棄掙扎。

大片林地集體死亡的類似案例在德國也有，前面提過的巴伐利亞森林國家公園便是如此。

園區將一部分原為商業用途栽培的廣大雲杉林納入了保護，但是那些得了病蟲害的樹木，卻不再有守林員會將其砍伐或對其噴灑毒藥，雲杉八齒小蠹因此得以為所欲為，就像牠在北美的表親一樣。而結果也毫無二致：滿山遍野的森林，在蟲害的肆虐下集體死亡，這景象讓許多健行者驚駭不已，因為映入眼簾的不是翠綠的山林，而是由死寂的樹木屍骸集體構成的樹塚。

或許現在我們應該再一次自問，樹皮甲蟲是否真的有害？於我，答案是毋庸置疑的——「無害」！這種動物屬於會「趁虛而入」的寄生昆蟲，也就是說，牠們原則上只能在不健康的樹木上有所斬獲。真正大規模繁殖，也就是一種連體質強健的樹木都會因此認栽的蟲害，起因為人類先把自然的遊戲規則改變到某種程度，以致甲蟲一發不可收拾地繁殖。那可能是透過大量栽培人工林，或是排放有害氣體而導致氣候變遷——反正追根究柢，使這個精細調整過的天秤失去平衡的不是甲蟲，而是人類。若說甲蟲是這些弊病的訊號，我們人類是否也難辭其咎？牠們其實只是讓早已失衡的現象更加尖銳，並讓改採更貼近自然的發展路線顯得更迫切必要吧？

中歐地區的針葉栽培林可說是充斥著非本土樹種的人工產物，可以在中期內再度以原有闊葉樹種構成的森林取代。當然，也有專門對付這些樹種的樹皮甲蟲，然而比起雲杉或松樹，山毛櫸樹及橡樹等在這方面要穩健許多，它們通常可以毫無困難地擋住昆蟲的襲擊。把樹皮甲蟲冠上「害蟲」的名號，蒙蔽了我們看清事情真相的視線。個別因體弱而遭受蟲害的樹木，是蟻形郭公蟲、啄木鳥及許多其他物種不可或缺的生存基礎。就此而言，樹皮甲蟲等於為這類以死木為棲身之所的生命開啟了活路，在部分曾是人工栽培林的園區裡大量繁殖時，為這些生命創造了一個暫時的樂園。另外在這些被毀滅掉的雲杉林中，下一個世代很快地又已經站在起跑點上——一個找得到許多闊葉樹種，為未來的原始森林提供了良好根基的樹木世代。就這點來說，樹皮甲蟲不僅是掘墓者，也是助產士。

大型動物死亡事件的呈現方式，相較之下會更一目瞭然些。死掉的動物？沒錯，它們自成一個生態系統，若將自然比喻為宇宙空間，那它們差不多就像這浩瀚宇宙中的一個小星球——或許有點「臭名在外」，但至今得到的關注卻遠遠不夠。

死亡的盛宴

動物的屍體當然也是這循環中的一部分。

有種對許多生物來說特別美味的珍饈，我們卻很少注意到，那就是大型哺乳類動物的屍體。在這些屍體的四周，會發生某些非常引人入勝的事。這讓你覺得反胃嗎？可以理解。不過嚴格來說，我們的身邊不也總是有動物的屍體，至少有一部分的人還幾乎天天跟「它們」——在餐盤上——打交道，除非你吃素。而它們與那些死去的野豬、狍鹿與紅鹿最明顯的差異，只在於腐敗程度很低，因此我們才能安全無虞地進食。

許多物種接受或甚至是需要腐爛分解到某種階段的屍體，並且肯定也同樣津津有味地，把這些我們覺得已發臭的肉大口吃下肚。而這樣的物種為數還真不少，僅僅在中歐地區，每年就有數百萬隻的狍鹿、紅鹿與野豬會死於非命；不過就像在德國，雖然許多野生動物的死因是獵殺（依德國狩獵協會報告，前述三種動物的總合約為一百八十萬隻），仍然持續有不少牠們的同類是死於自然因素。這些屍體後來怎麼樣了呢？我們可能會理所當然地說腐爛了，而這意味著它們消失了，在一段時間的惡臭之後終究變成了腐植質。不過，究竟是誰設法完成了這個過程呢？

就讓我們從體型最大的開始說起——熊。熊有個超級靈敏的鼻子，能從好幾公里外就循線聞香而來。與其他像狼這樣的大型食肉動物一起爭食，牠們可以在不到幾天之內就把大部分的肉吃光；而胃一時裝不下的，會被草草掩埋，以避他人之耳目存作備糧。

會飛快地聞風而至還有鳥類。相較於禿鷹會盤旋在非洲莽原的新鮮獸屍之上，且立即以尖銳刺耳的叫嚷聲宣告所有權，在緯度較高的地區，替代這個位置的則是烏鴉。牠們是北方的食屍禿鷹，在那些有狍鹿或野豬倒斃的地方，同樣會以長途飛行來標記自己的領域。

在動物屍體旁，經常紛爭不斷吵鬧不休。當棕熊出現時，狼便得自認倒霉；這裡適用的原則，是若沒把握，最好趕緊夾著尾巴逃開，尤其是當身邊還有幼狼同行時，否則這棕毛老大可能一眨眼就會把牠們當開胃菜一併吞下。這裡烏鴉會再度登場，由於牠從空中遠遠地就能發現危險，並讓狼群對此提高警覺，因而此刻烏鴉是狼的盟友。牠所得到的回報，是之後獲准在這個死屍戰利品上分一杯羹——這可一點都不理所當然。事實上，狼也可以毫不費力地吃掉烏鴉，然而，幼狼從小就被訓練，要特別把這種大鳥看作朋友。這樣的關係，我們可以在幼狼與這些黑不溜秋的傢伙玩耍時觀察到，幼狼在這過程中，會把烏鴉的氣味深印在腦海，並將其內化為是自己群體成員的一部分。

相對於狼與烏鴉可以和平共處，其他物種大多會為食物來源爭鬥不休。除了這黑色大鳥之外，當然還有其他對此也深感興趣的鳥類，像海鷹和鳶，牠們也都自認該分到一份。死屍旁的在大聲吵鬧，外圈的則在等候機會，結果是四周的地面被翻攪得一團糟。這裡的植物會重新洗牌，那些雜草堆中原本就要窒息的種子，現在也有了發芽的機會；此外，即使是那些沒有受到擾動的植被，情況也有所改變。腐敗的肉，作用等同於肥料——狍鹿和紅鹿的屍體，對植物而言，與有點太大的鮭魚沒什麼兩樣。從方圓一公尺內禾草類與草本植物的強勁生長與更濃綠的顏色，顯示這裡得到更多養分的灌注。[27]

不過那整具骨骸後來怎麼了呢？即使那上面的肉都以前述的方式被利用了，在森林與田野裡，必定還留著無數在太陽底下森然發白的骨骸。可是事實並非如此，即使身為天天遊走在森林裡的森林看守人，我也不曾遇到過動物墳場，只有很希罕地見過一次頭骨。

這與兩件事有關：生病或衰弱的動物會自動與同伴隔離，牠會躲到灌木叢中或在炎炎夏日裡待在小溪附近，有時乾脆直接泡在水裡，因為如果有傷口，這能使傷口清涼一點。牠會在這裡等待死神降臨，而這麼做有其道理：體質虛弱的個體會吸引獵食者注意，因此只有自我隔離才不會危及同儕；此外，在靜僻的地方，沒有人能攪擾身處痛苦中的自己。所以我們頂多只能在這裡用鼻子發現死掉的動物，而牠們所遺下的白骨，是安息在眼睛看不到的灌木叢裡。骨骼實際上並不會腐爛，且有些動物肯定也會倒斃在隱密的植被之外，因此隨著時間流逝，整個地表理應到處覆滿骨骸。可是事實並非如此。因為對這些動物最後的殘餘深感興趣者，同樣也不少。比方說老鼠，牠們似乎熱愛骨頭，總是圍繞著它又啃又咬，直到一根都不剩。尤其石灰和其他礦物質是牠們渴望的目標，這具有舔鹽磚之於牲口（或鹹餅乾棒之於我們）的類似效應。

如果那些骨頭還很新鮮，就會是熊喜歡喀啦一聲咬碎的美味。畢竟那裡面有富含脂肪的骨髓——一種沒有任何人會與這毛老大爭搶的珍饈，包括狼。相對於有些狗喜歡在骨頭上四處又啃又咬，我們的灰毛獵人顯然並不樂意在這種費勁的小事上浪費時間。不過熊老大咬碎骨頭的這個舉動非常重要，特別是對其他物種而言。究竟有多重要，在所有那些熊已經滅絕了的地方，都能夠清楚顯現出來，包括在德國也是如此。因為這些骨頭的硬殼必須先被破壞，比較瘦小纖弱的生物才有機會接手，例如骨蠅（Linsenfliege）這種已在全世界消聲匿跡，直到二〇〇九年才又再度被發現的生物。[28]

這種奇怪的昆蟲有顆小小的橘紅色的頭，看起來就像人所虛擬出來的產物；即使在行為上，牠也與其他種類的蒼蠅有異。骨蠅喜歡寒冷的天氣，還特別喜歡在冬天的夜晚行動。牠們尋找動物的屍體與暴露在外的骨骸，以便津津有味地吃上一回，並在那裡產卵。然而十九世紀時，在開闊的鄉野間動物屍體不再可見——這是執行了更嚴格的環境衛生法規的成果。緊接著熊也滅絕了，這讓骨蠅的前景更是一片黯淡。牠們自一八四〇年起就被認定已經滅絕，然而在二〇〇九年，西班牙攝影師胡利歐·瓦度（Julio Verdú）拍到了一隻色彩繽紛的蒼蠅，並推測這是隻從熱帶地區被夾帶進來的不速之客。所幸在西班牙馬德里的阿卡拉大學（University of Alcalá）的研究人員認出了這種消失已久的昆蟲，也因此得以將骨蠅從已滅絕動物的清單中除名。[29]

如果我們之前提過烏鴉是北方的禿鷹，那似乎也該來聊聊禿鷹本身，畢竟不斷有高山兀鷲（Gänsegeier）為了尋找動物屍體而飛越德國上空，在 *club300* 這個網路平臺上，每年就有好幾筆業餘鳥類學家觀察到這種稀客的紀錄。[30] 如果牠們在這裡能有所斬獲，其中一些肯定有機會再度以此為家，不過目前情況還是停留在幾乎不受重視的短暫來訪。因此與骨蠅一樣，高山兀鷲在許多地方依舊被視為處於滅絕狀態。

對於這個主題，我們目前只提到了大型動物。相較於牠們的屍體無論如何都會被鉅細靡遺地加以「處理」，情況在體型小於某種標準以下的動物身上，卻不再如此。也因此小型哺乳類動物會遺留下無數的殘骸，譬如說老鼠。假若我們到田野間看看，那甚至會比大型動物所留下的要多得多。在那裡每平方公里的土地上，最多可以有十萬隻這種小嚙齒動物在活躍著，而牠們的平均壽命只有四個半月長。出生後只要兩週的時間，一隻幼鼠就可以達到性成熟，而再兩週之後，這個世界便又會迎來十隻小生命。

假設在每個生長季中，每對老鼠都可以製造出五個有十隻幼鼠的世代。那麼在一個極端多產的「鼠」年裡，每平方公里就會有十萬隻（或五萬對）個體，稍後再加上鼠子鼠孫共兩百五十萬隻的後代——當然不是全部同時，因為這段期間牠們大多會因病早夭或直接被吃掉。所以在整個生長季期間，這些小嚙齒動物死亡後會累計出兩百五十萬個屍體，以平均每隻三十公克重計算，合計總重七十五公噸。這大約相當於三千隻狍鹿的重量，如果現在這些小小的屍身沒全被普通鵟（Mäusebussard）、狐狸或貓帶走，留給其他「愛用者」取用的其實還很多。

牠們當中有一種身上帶著漂亮的黑橘色條紋的甲蟲，而牠的名號已經說明了一切：埋葬蟲（Totengräber）。我在森林裡散步時經常與牠打照面——如此醒目的長相，實在令人無法忽視。牠的成蟲雖會捕食其他昆蟲，卻還是抗拒不了新鮮屍體的「迷人氣味」。

老鼠的屍體對牠而言，除了是痛快的一餐，也是養育下一代的搖籃。會搶得先機佔有戰利品的經常是雄蟲，為了引誘雌蟲前來，牠會以勝利之姿朝空中舉起下腹部，並分泌出一種氣味訊息。牠的目標很明確，那就是交配。可惜，牠的情敵也會察覺到這個訊號，同樣會疾飛而來，於是一場激烈的苦戰就此展開，落敗者最後必須退出戰場。不過，如果此時出現的是雌蟲，下一步展開的便是幹活了。牠們會孜孜不倦地挖掘老鼠屍身下的土壤，然後咬住屍體往下扯，於是屍身上的毛髮紛紛掉落，整具屍體也會被相當分量的唾液包覆起來。這聽起來雖然不怎麼美味，卻能讓屍體較容易滑動。這隻死去的動物會慢慢往下沉，最後完全從地面上消失。這樣一來，就不會有其他食屍者再來爭食。

不過，因為這對埋葬蟲還得交配，以上的工作也就經常必須中斷。而工作完成後，這隻老鼠看起來也不再像是老鼠，不斷的拉扯與推移使它變成一顆形狀略長的屍球。現在雌蟲會在它旁邊產卵，而當幼蟲孵出時，與許多其他昆蟲不同的是，成蟲並不會就此拍拍屁股走人。幼蟲的口器還不適合吃肉，因此會由甲蟲媽媽來餵食這幫吵吵鬧鬧的小傢伙；牠們把頭抬高哀求著食物的樣子，完全就像鳥巢裡的幼雛。

甲蟲媽媽的身上還會出現其他的變化：據德國烏爾姆大學（Universität Ulm）的研究人員在德意志廣播電臺（Deutschlandfunk）受訪時所指出，牠們會對交配失去興趣。而且不僅如此，即使雄蟲有機會得手也沒用，因為牠的愛人此時完全處於「不孕」的狀態。不過這種現象，只會出現在牠的孩子們數量完整時；一旦少了幾隻（可能是夭折或被其他動物吃掉），主導牠對交配興致的荷爾蒙就會再度分泌。雄蟲會立即察覺到情況有異且變得極度興奮，科學家觀察到在這之後的交配可達三百次——比牠們剛佔領一具死屍時的交配次數還多。為了彌補損失，雌蟲會很快地再度產卵。如果在這場騷動混亂中孵出了太多幼蟲，雌蟲則會採取極端手段來尋求平衡——處死超額的幼蟲。[31]

如果一具動物屍體既沒有熊、也沒有狼（小動物的屍體則是像埋葬蟲）來眷顧，那更小的生物就會接手這個任務。這批隊伍中的頭號代表是黑蠅（Schmeißfliege），這種抵擋不住死屍氣味的魔力的蒼蠅，僅僅在德國這裡就超過四十種。不過也不見得非得是發臭的肉，牠其實更喜歡光顧還很新鮮的目標。就像在夏天時，把烤肋排放在盤子裡不管，通常不到幾分鐘，第一批食客便會聞風而來。

這種全身閃耀著藍色光澤的蒼蠅，以另一種喜好向我們展示牠可以接受「多新鮮」的肉。幾年前一個炎炎夏日裡，我在一處灌木叢下發現了一隻蹲臥著的狍鹿，牠傷得非常嚴重，臀部有一個很大的傷口，傷口上則已有數百隻白白胖胖的蛆在蠕動——黑蠅的幼蟲。懷著沉重的心情，我讓這隻狍鹿從痛苦中解脫了。

而有些像蟾蜍綠蠅（Krötengoldfliege）這樣的蒼蠅，甚至會侵襲完全健康的動物。牠們會把卵產在蟾蜍的皮膚上，孵出的幼蟲會移動到蟾蜍的鼻孔裡，然後開始向內吃掉宿主的腦袋，因此在短時間內，這隻蟾蜍會像僵屍一樣在附近爬行，直到突然倒斃。

不過一般而言，黑蠅確實會是第一批趕到新鮮死屍旁的食客。幾百隻蒼蠅產下幾千顆的卵，特別偏好的是像眼睛這樣開放的位置；那些很快就會孵化長胖的幼蟲，會迅速擴散到死屍的整個身體，牠們會密密麻麻地覆蓋著它，讓其他想在這裡找到一小處空間產卵的昆蟲，半點機會都沒有。負責收尾的則是骨蠅，「殘羹剩飯」與幾根舊骨頭，已經可以讓牠滿足。

要想幫助上述以及其他無數得仰賴大型動物屍體為生的物種，可能有個簡單的做法：至少在國家公園裡，放手不管那些曝屍荒野的紅鹿和野豬。為了調整野生動物數量，那裡至今都還進行著針對性的狩獵，那些被獵到的動物屍體之後也會被林務員運走。然而，任由自然發展，不是這些園區最該優先奉行的理念嗎？那麼，動物的屍體當然也是這循環中的一部分。

我們自己大概沒機會跟紅頭骨蠅直接打照面，因為牠們多半在寒冷的夜晚裡行動。然而，即使這個生態系統的某些成員極其古怪，知道它也能再度贏回一絲生機，感覺還是很美好。

說到夜晚，昆蟲王國裡的某些成員雖然同樣熱愛擁抱黑暗，卻喜歡點上一盞燈同行。這盞燈是為了愛與謀略而亮，有時卻也是為了殘酷無情的死亡。

亮起燈來！

早在人類之前，就已經存在著其他的光源製造者。

光在自然界扮演著非常重要的角色，因為在這個星球上，幾乎每一種生命到頭來都得仰賴轉換後的太陽能為生。糖分是透過光合作用製造而成，它是植物生命的動力，並因此間接為動物和人類所用。毫無疑問，在自然界中，一絲一毫的光線與能量都會受到激烈競爭。對此，樹木的存在就是最佳例證，它必須長得如此高大，才能在與草本及灌木植物的競爭上勝出。

形成強而有力的樹幹及樹冠，需要花費為數眾多的能量：一棵成熟的山毛櫸樹，蘊藏高達十三噸的木材，燃燒時則可以產生相當於四千兩百萬大卡的能量。參考比較一下：依活動內容不同，一個人每天需要從食物上得到的能量，是兩千五百到三千大卡之間。也就是說，如果我們的腸胃有辦法「消化」木材，一棵成熟山毛櫸樹所儲存的太陽能之多，可以供應一個人超過四十年所需的營養。難怪這龐大的能量需要好幾十年的時間才能製造出來，而樹木也因此必須活得這麼老。

所以，森林這個生態系統，終究是個巨大的能量儲存庫。說到光線的重要性，至此聽來一切都還只是皮毛而已，使光線如此重要的，還有其他完全不同的因素。它那富含能量的光波，會對眼睛的視網膜造成刺激，也就是說，會被轉化成訊息。大部分的動物是利用光線來形成視覺，而要做到這點，首先當然得多少要有些光。暫且撇開樹木巨大的樹冠已攔截百分之九十七的光線這點不談，對需要光線才看得見東西的生物來說，還有另一個截然不同的問題：一天中有一半的時間，也就是夜晚，根本是連一點日光都沒有。唯有透過微弱的星光，或者再加上滿月時較明亮的月光，才能緩和黑暗的效應。然而，當天氣就像常見的那樣多雲時，夜晚根本就是一片漆黑。所以為什麼不乾脆善用情勢，化危機為轉機呢？

即使本章的標題是「亮起燈來！」，對某些動、植物更適用的生活準則卻是「把燈關掉！」。這些動、植物之所以活躍於夜晚，原因南轅北轍。舉例來說，有些花只在夜晚綻放，因為它想迴避競爭。白天已有無數的草本植物、灌木與樹木，使出渾身解數來讓自己引人注目；它們所追求的，是那些會幫忙授粉的昆蟲的注意力。而蜜蜂所能造訪的花朵再多也有一定的數量，因此如果這種植物性的競爭太大，許多花也只能無人眷顧暗自凋謝，當然就無法結出種子。為了避免這種窘境，它們會以所有可能的耀眼色彩盡情綻放，此外還會傳送出香甜的氣味訊息。我們覺得聞起來芳香宜人的氣味，昆蟲也很喜歡，因為牠們所得到的訊號，是這裡有美味的花蜜。

於是，有些植物會退出這種白天在視覺與嗅覺訊號上的爭奇鬥豔，把自己開花的時間點推移到夜晚。而它們的名字常常已暗示出這種偏離，就像月見草（Nachtkerze）或月光花（Mondwinde）。日落之後，大多數的物種都已宣告打烊，在某種程度上競爭暫時休兵，那些昆蟲現在也可以把注意力集中在少數花蜜供應者身上。只是令人遺憾的，蜜蜂和大多數的開花植物並無二致，牠們也需要歇息；此刻牠們早已返回蜂房，以加工處理戰利品及將其轉化為可保存的蜂蜜來度過夜晚。

然而，昆蟲之中也有專上夜班者，就像許多「蛾類」（Motte）。我其實不大喜歡用 Motte 這個有些負面的字詞＊——即使在我家裡也是，而且理由很充分。幾年前當我們從瑞典的假期

——譯註——

＊ 德文中 Motte 一字除了「蛾」之外，也指蛀蟲與蠹。

歸來，在卸完車上所有行李，終於可以躺進沙發裡時，一種繞著我們飛舞的小蛾類引起了我們的注意。我心裡立刻浮現一種不祥的預感，然後掀起地上的羊毛地毯……我的老天爺！地毯底下布滿了幾千隻蛾的幼蟲，許多蛾因為受驚而飛起，如雪花般狂捲在客廳的空中。我們連忙把整張地毯捲起並移到車庫裡，遺留下來的，是對這種動物的一種不怎麼舒服的感受。從此，只要家裡有什麼東西與純羊毛質料扯上邊，這種感覺就會在心裡隱隱作祟。

也因此，對於許多夜行性的鱗翅目昆蟲，我更喜歡用「夜蛾」（Nachtfalter）這個詞來稱呼；順帶一提，在中歐地區所有的鱗翅目昆蟲中，有四分之三歸屬於這類。好吧，牠們看起來不像自己活躍在日間的同僚那麼嬌豔美麗，不過這完全有其道理。相較於後者是利用身上的色彩，來做為與同伴連繫或阻遏敵人的信號，夜蛾有著迥然不同的策略。盡可能保持不引人注目與儘量在視覺上讓自己融入背景當中，對牠而言是攸關性命的事。白天時，這小小飛行者會棲息在樹木的樹皮上某處，只要那裡能隱藏牠的行蹤並不被鳥吃掉。

夜晚時那些長著羽毛的凶神惡煞則都入睡了，如果有人想到月夜之花那裡一親芳澤，這是個明顯有利的條件。而一些花草也選擇在這個對植物本身相當不具吸引力的時段活動，實在是太好了。不過，這樣的默契早在百萬年前就已形成，難怪連要獵捕牠們的敵人，也都針對這種

「供給」關係進行了自我調整。

這裡的敵人，就是那些會在溫暖的季節裡追捕蛾類的蝙蝠。而且因為夜裡缺乏光線，為了使獵物無所遁形，牠們還特別配備有超音波裝置。我認為藉由自己的叫聲及從物體反射回來的聲波，蝙蝠確實能在腦海中建構出東西的正確形象，因此可以說牠在黑暗中是「看得到」的。

科學家假定，這種夜行獵人借助傳回的聲波，可以很清楚辨知自己前方有誰或有什麼事物。例如一片從樹上掉落的葉子，與一隻飛蛾翅膀的振動有著不同的聲波模式，即使是一條零點零五公釐粗的鐵絲，蝙蝠都有辦法察覺到。這種動物「看到」的周遭環境裡的細節，可能要比我們白天用雙眼所見到的明顯更多。[32] 畢竟對人類而言，「看見」也與接受一種從物體反射回來的「波」沒什麼兩樣，差別只在於是我們仰賴的不是聲波而是光波。因此為了要看得見東西，蝙蝠必須不斷發出呼喊。

這種呼叫聲的行進，不像有時候我們在登山時想製造的回聲那麼慢。沒錯，這種夜行獵人擁有極端密集的聲音序列，每秒鐘可以發出多達一百個聲音。這裡「聲音」是個關鍵字：因為它的強度可高達一百三十分貝，假使人類聽得到這種聲音，那也已經相當於我們的疼痛閾值。不過與較低頻的聲音相反，這種超高頻音很快就會被空氣吞沒，因此一百公尺之外就幾乎再也聽不到。然而，夏半年的森林裡與草地上可以很熱鬧喧譁，這點是毋庸置疑的。

若要在光波反射之下，或者簡單地說，要在被看見的風險下自我掩護，那麼讓自己變成與背景顏色一致，就已經足夠。同樣的道理，也適用於想在聲波的掃描下得到掩護時。一隻蛾此時只要盡可能不要製造出回聲，效果就等同於融入了背景顏色。此原則的運作方式，我們可以在前述的那種登山行程上試驗一下。

如果對面的山坡沒有森林覆蓋，呼聲反射回來的效果就會特別好；反之，如果到處都有茂密的林木，枝幹和樹冠便會吞沒我們的呼聲，那就或許只有在特殊情況時才能得到「回答」。為了產生類似的效果，夜蛾讓自己身上長出了「迷你森林」，使身體看起來像鑲上了一層毛皮，這些「毛髮」使聲波無法清晰地反射回去，而是被往不同方向散射，如此一來，蝙蝠便無法在腦中形成清楚的影像。然而，這種效果也並非特別強大，所以若想提高逃過一劫的機會，昆蟲必須讓自己身懷其他絕技。

於是，夜蛾與蝙蝠之間進行著一場貨真價實的軍備競賽，而且至少有幾種夜蛾已迎頭趕上。在此同時，牠們已經有辦法聽到極度高頻的聲音——那幾乎跟超音波沒什麼兩樣。蝙蝠在捕捉獵物時所發出的最高音頻是二百一十二千赫，對照一下：頻率在二十千赫以上的聲音，已超出人類聽力的極限。

雖然相較於人類，大多數的夜蛾能聽到較高頻的聲音，不過並非全都趕得上蝙蝠的頻率。且因為蝙蝠振翅時幾乎無聲，所以有些夜蛾會因聽不到蝙蝠逼近的危險，而在驚愕中遭受襲擊。

還好根據英國里茲大學（University of Leeds）由漢娜・莫伊爾（Hannah Moir）博士帶領的研究團隊指出，顯然並非每一種蛾都只能如此坐以待斃。他們發現大蠟蛾（Große Wachsmotte）能定位出高達三百千赫的聲音，這是目前動物界裡的最高紀錄。同時牠耳朵的結構可能相當簡單，僅由一層耳膜所組成，而連結在這耳膜上的就只有四個聽覺細胞（對照一下：我們的耳朵除了許多其他組織之外，僅僅是負責把聲音轉化為神經刺激的所謂的毛細胞，就有兩萬個）。

依照莫伊爾與同仁的研究報告，大蠟蛾在聽力上的進化，或許有些超出了既定的目標，因為如果牠的敵人基本上沒辦法發出超過二百千赫的聲音，牠又為什麼得往上預留如此大的空間？尤其是蝙蝠應該無法再擴充自己的裝備，比目前使用的頻率更高對牠毫無助益，這樣的高頻會被空氣嚴重抑制削弱，對回聲定位的作用幫助有限。

所以為什麼大蠟蛾會發展出這種超級無敵的能力呢？研究人員推測，這些蛾或許有著完全不同的打算。牠們同樣會以高頻率的聲音來彼此溝通，像求偶時就是如此。牠所唱的情歌雖然還在蝙蝠的定位範圍之內，然而牠那結構簡單的耳朵，依靈敏程度而定，卻可清晰快速地拆解密集相鄰的訊號——最高可比其他鱗翅目物種快六倍。因此這些蛾類不僅能不受干擾地調情，同時還能清清楚楚地聽到自己最大的天敵搜索獵物發出的叫聲，再盡可能移動到安全的地方。[33]

然而，大蠟蛾當然不是唯一針對蝙蝠進行自我武裝的物種。有些夜蛾的策略，是藉著發出擾亂聲，來對蝙蝠的定位系統進行干擾。那是一種落在超音波音域裡的喀答喀答聲，能混淆並誤導向自己飛來的獵手——這些夜蛾在一片噪音中，幾乎就像是從雷達畫面裡消失了。舉例來說，屬於燈蛾亞科的大虎蛾（Braune Bär）所製造的恐怖噪音，就足以讓蝙蝠抓狂轉向。

不過，當夜蛾聽見敵人來襲，牠們到底是如何逃脫到安全的地方呢？蝙蝠的飛行速度明顯凌駕在牠之上，論機動靈敏的程度也略勝一籌。因此當危險相當逼近時，最簡單的防衛策略只有一個：那些聽得見超音波聲的夜蛾種類，一旦察覺到這種搜索聲，會乾脆讓自己「驚恐地」掉落到地面上。對蝙蝠而言，想在草地上再追蹤到獵物幾乎是不可能的事。然而，隨著夜色漸深，牠們還是有辦法讓自己吃得飽飽的——粗心大意的夜蛾，還有總是不缺貨的蚊子。牠們吃下的昆蟲總重量，最多可達自己體重的一半（若以蚊子為單位來計算，那便是四千隻蚊子）。

獵人與獵物，共同生存在一個精巧平衡的系統中，其中任何一方都可以得到自己的機會。然而，這個系統，卻會因為人類的照明設施而備受干擾。自然界中唯一稱得上重要的夜間光源，就只有月亮。當月光閃耀時，它就是動物的參考定位點；除此之外，它也適合作為某種類型的羅盤。當夜蛾在黑暗中直線飛行時，只要注意這天體是否與自己的航線總是保持一定的角度即可。這個原則運作起來毫無窒礙，直到——是的，直到一盞燈橫在這個小小飛行員的路上。

這樣的物體並不存在自然界中，於是這隻昆蟲理所當然地認為它是月亮。現在牠會在懷疑中試著如此飛行，譬如說，讓「月亮」一直好好地維持在自己左側的位置上。對原有的天體這當然毫無問題，因為它是如此遙不可及；然而，以一盞近距離的燈來說，這個光源會在這隻動物飛過後立刻被拋諸腦後。為了維持「正確的」相對位置，這隻昆蟲會不斷修正航線，於是整個行動會變成繞著一個愈來愈小的圓圈飛行，最終的下場便是一個飛撲撞上燈火。為了要有所進展，牠們會不斷重新開始，然而這種嘗試最後也總是徒勞。

一部分的夜蛾會死於精疲力盡，其他的下場則可能會「痛快」一些。因為許多蝙蝠在此同時，也發展出了沿著街燈巡邏的專長，牠們在這裡很快就可以飽食一餐，只要一盞一盞察看是否又有為人造月亮所惑的夜蛾即可。根據妻子和我自己的觀察，連在房子沒有遮光的窗戶玻璃上，都會在晚間變成這齣小劇場上演的舞臺。當我們晚上舒舒服服地坐在沙發上看電影時，客廳窗戶的玻璃上，同樣也會聚集一些飛蛾。偶爾蝙蝠會像幽靈般短暫現身，緊接著那些蛾就不見了。

會以類似方式受到人為照明擾亂與誤導的，還有許多其他昆蟲。一如那些飛蛾，牠們深受花園裡的燈所吸引，而這些燈似乎也很友善環境地自顧自亮著，那上面多半備有太陽能電池——太棒啦！所以這裡的能源使用非常環保。這些燈因此毫無顧慮地整夜亮著，而許多會在這裡織網並收穫滿滿的蜘蛛，對此尤其熱烈歡迎。如果這種現象持續一段較長的時間，環繞著這盞燈周圍的小小生態系，便會產生改變——有些物種消失不見了（也就是進了蜘蛛的肚子裡）。而這如果只是一盞燈，大概不會有什麼影響；但一個聚落裡動輒幾千盞的燈，情況就另當別論了。

不過，早在人類之前，就已經存在著其他的光源製造者。在溫暖夏夜的森林邊緣或灌木叢旁，會閃爍著數以千計的小小綠色螢光。這些在黑暗中施展出自己能耐的生命，就是螢科的昆蟲。雖然比起燃燒的蠟燭，牠們所發出的光在亮度上要低上千倍，然而其光的能量轉換效率卻獨步全球。相對於人類最頂尖的科技，能把百分之八十五的電能轉換成光，螢火蟲的能量效率卻高達百分之九十五。而牠們確實需要節約能量，因為螢火蟲的成蟲幾乎什麼都不吃——至少在大部分的情況下（那其中存在著殘酷的異常，這點我們稍後再談）。

其實牠們亮起的光應該要是熱情的紅色，因為這場夜間螢光秀的主要目的，是為了求愛。對德國最常見的螢科昆蟲，也就是小螢火蟲而言，會在地面上點亮自己燈籠的是雌性；我們一般習慣稱這類昆蟲為「會發光的蠕蟲」*，然而，牠們其實是種成熟的甲蟲，只是在夜晚較容易被看見。這些雌蟲無法飛行，只有萎縮退化的翅膀殘餘；如果忽略那帶著發光裝置的身體，淡黃色的腹部讓牠們看起來真的就像隻「蠕蟲」。

不過，此處這些提著燈籠的女士，只會在發現自己上方出現了異性時，才會亮起燈來。雄蟲具飛行能力，並會在附近尋找選擇伴侶。牠的身體最後兩節有著透明的幾丁質外殼，從這裡

——譯註——

* 德文螢火蟲一字為 Glühwürmer，其直譯便是「會發光的蠕蟲」，Würmer 原意「蠕蟲」。

往下打出探照燈，不但不會對從自己上方飛過的敵人洩露行蹤，還能同時往下送出「看——我這個帥哥夠讚吧！」的訊號。假使有崇拜者意會到這個訊號，她會亮起燈來回應，以此敦促這個風流倜儻的公子降落，而他通常會火速照辦。於是接下來便是交配與稍後的產卵，從這些卵中會孵出非常貪吃的大胃王，這些幼蟲喜歡蝸牛，而且連比自己身體重上十五倍的對象都膽敢下手。[34]牠們會先以一口痛咬讓蝸牛斃命，然後再來慢慢享用。在這樣的一頓大餐後，幼蟲的身體會膨脹到幾近爆炸；帶著塞得滿滿的胃，牠得先睡上一覺。這頓消化停歇期的長短，決定於牠的大餐分量多寡，因此有時候可長達好幾天。

依種類而定，一隻螢火蟲的幼蟲要發展為性成熟的成蟲，大約是三年。就此而言，前述慣稱螢火蟲為「會發光的蠕蟲」的說法，倒還真是名副其實；因為會閃爍發光的成蟲之生命，只有短短的幾天長——雄蟲在交配後便會嚥下牠的最後一口氣，雌蟲則在產完卵之後才會香消玉殞。所以螢火蟲的光芒，確實是生命最後的閃耀，只要一切都按照計畫進行，螢火蟲就能以銷魂的高潮迎來落幕。只可惜在自然界裡，也總不乏破壞遊戲規則的掃興鬼。

簡單來說，有些生物為了自身的利益，濫用了這種為愛點燃的祥和之光。在紐西蘭及澳洲，就有一種光菌蠅（*Arachnocampa flava*）的幼蟲，同樣能發出螢光，牠們棲身於洞穴中並聚集在頂部的岩壁上，因為只有無風且黑暗的環境才合牠們心意，而能滿足這種完美的條件只有岩洞。這些幼蟲會從洞頂織出又長又黏的細絲，上面帶著小露珠般的黏液，接著開始發光。[35]那畫面看起來是如此美好夢幻，這些洞穴因而搖身一變成熱門觀光景點。不過被吸引來的可不只有花得起錢的觀光客，還有那些把這閃爍著光芒的水珠誤認是天上繁星的昆蟲。牠們自覺翱翔在沒有障礙的空中，結果卻被這黏乎乎的細絲給纏住，然後終結在那些蚊蚋幼蟲饑餓的肚子裡。研究者還發現，幼蟲的肚子愈餓，發出的螢光就愈強。

北美有一種妖婦螢屬（Photuris）的甲蟲，則會利用另一種更狡獪的手段。為了利用光來吸引注意力，螢科昆蟲發展出不同的技術，畢竟牠們的種類各異，如果大家就只是這樣亮起燈來，尋找伴侶時就很容易陰錯陽差誤認情郎。因此牠們發展出某種類型的摩斯密碼，也就是發光信號，依其個別的節奏及頻率，只會吸引到與自己同種的個體。不過人類的摩斯密碼只有時斷時續、時長時短的少許變化，對這些甲蟲而言，應該是太簡陋了。牠們每秒鐘可發出高達四十個閃光脈衝，再加上亮度強弱的變化，使牠們的信號組合要多樣得多。[36]牠們的成蟲，就是以這種趣味橫生的閃光方式，來發現自己短暫生命中的愛——除了妖婦螢屬的甲蟲之外。

這種甲蟲的雌蟲，會模仿其他種螢火蟲發光的信號，並以此引誘牠們的雄蟲疾飛而來。不過在降落後迎接這些雄蟲的，不是一場愛的大冒險，而是妖婦螢雌蟲貪婪的嘴。妖婦螢的雌蟲之所以需要吃掉雄蟲，不僅是因為這能提供給牠熱量，也因為雄蟲身體裡含有毒素。這些毒反過來能保護妖婦螢的雌蟲不被蜘蛛吃掉；否則蜘蛛同樣能察覺到閃爍的螢光，也會很樂意接受這樣的邀請來吃頓晚餐。[37]

順帶一提，這種以光做為誘餌的技巧，並不僅限於昆蟲。角鮟鱇科（Tiefseeanglerfisch）的深海垂釣魚名副其實地擁有一根釣竿，這釣竿就長在牠的頭頂，上面還有個總在大嘴前晃來晃去的發光器官；而這個大嘴，裡面則布滿了細如針利如刃的尖牙。這個發光體魅力無窮，會讓許多其他的魚蜂擁而至，而應該不難想像，這種好奇的拜訪會有什麼下場。

人類運用燈光來捕魚，也是借助類似的效果，譬如日本就大規模使用這種方式。總而言之，不管在陸地或水域，光都具有不尋常的吸引力，而說到這裡，我們又該回到夜晚因人為因素而變亮的這個問題。只要看過地球的夜間影像圖，並注意到在此同時有多少陸地面積已為燈光所覆滿，一定會大感驚愕。而只要在晚上走到家門前看看，我們也可以輕易評估出自己所居住的區域是否深受影響。天空的銀河，在晴朗的夜晚裡還見得到嗎？假若你對銀河的樣子還是毫無頭緒，就表示你家附近肯定存在許多人為光源。因為當條件允許時，要忽視這條令人印象深刻的銀帶，根本是不可能的事。

由於空氣中增加的懸浮微粒使光線發生散射，夜晚的能見度在空氣汙染下會進一步惡化，所以我們肉眼可見的星星，已從三千顆減少到部分連五十顆都不到。而螢火蟲柔和的光之信號，不就是類似那微弱黯淡的星光嗎？人為照明愈多，動物圈內就愈常發生前述的那種困惑與誤解，而那些會自行發光的物種，也就愈容易遭受挫敗。

這種光汙染所造成的困惑與誤解可以是致命的。例如剛孵化的小海龜，是先以月光照耀下閃爍著光芒的海浪拍擊做定位，才從藏匿的沙堆裡探身而出，牠會急急忙忙朝這個方向奮力挺進，以免落入那些貪吃的掠食者口中。糟糕的是，如果沙灘旁就是一條被街燈照得亮晃晃的海濱散步大道或一整排林立的飯店，小海龜可能就會全力朝這人工光源前進，因此也離安全的水域愈來愈遠。難怪牠們許多在隔天不是淪為海鷗的獵物，就是精疲力盡而死。

連天氣現象都會因為光電照明而完全顛倒過來。過去的夜晚，在晴朗無雲時會特別明亮——這很合理，畢竟如此一來，不論是月亮或星星的光芒，都可以不受阻礙地照耀到地面上。此時只要我們的眼睛在幾分鐘後習慣了黑暗，想要毫無困難地在戶外空曠的地方散步是可能的。這點在今時今日的多雲時分也常常行得通，而「多雲」在過去通常意味夜色如墨。只因為雲層能將都市地區的光遠遠反射到四周的地區，無意中也製造出一種不管對人類或對動物都有害的亮化現象。畢竟，誰又喜歡在開著燈的狀態下睡覺呢？

沒錯，人為照明對我們人類也具有負面效應。我們體內有一座由光線操控的生理時鐘，其中尤其重要的是藍光的部分，它決定了我們是清醒警覺或疲倦想睡。為此，我們的眼睛裡具有視黑素（Melanopsin），這是一種感光色素，如果它接收到藍光，就會向大腦傳遞現在是白天的訊號。這個機制通常運作得極為順利，因為傍晚日落後的光線，會明顯推移至光譜中的紅光波段，而這會讓我們自動感覺到疲倦想睡。

要是晚上我們不睡覺，而是在看電視，這樣情況就有點糟糕了，因為螢幕閃爍的畫面含有大量的藍光。也難怪有這麼多的人深受睡眠障礙之苦——在電視機前，我們身體的細胞根本是被調整到「高度活躍」、而非「夜晚休眠」的模式。智慧型手機的製造商則開始試著解決這個問題，他們讓手機螢幕的顏色從一個特定時間點起有所調整，以使客戶在滑手機或聊天時會漸漸感到疲倦。

那動物呢？我們該怎麼幫那些被迫暴露在人為照明中的生物？我們或許至少可讓情況緩和一些，例如夜晚時直接把家裡的百葉窗或電捲門全數放下——這就屏蔽了一個大型光源。再者，那些花園裡的照明，也不需要整夜都亮著，像我家車道旁的燈就有行動感應裝置，只在需要時才會短暫亮起。

然而，我們夜間照明的一大部分，是源自街燈。在此同時它們大多數都會發出偏橘紅色的光，這種光特別容易被雲層反射，也因此讓光害的問題更加嚴重。其實在過去的白色氖管日光燈被這種現代化省電鈉（蒸氣）燈給取代時，我自己還著實興奮了好一陣子。儘管當時我也注意到天空雲層的底部被映照得愈來愈紅，在某些夜晚，我甚至可以根據那些映著光的雲，辨識出遠在四十公里之外的波昂（Bonn）。不過那時候我把逐漸變亮的夜色，更歸咎於城市的擴張而非街燈的置換。那現在呢？今天新一波的更換又開始了，而這次是耗電量更少的ＬＥＤ燈。如果這些街燈能聚焦得更好，也就是只朝下發亮（這才是需要光的地方），並且能在午夜之後熄掉，這才算是大有進展。

相較於在夜晚還有很大的進步空間，我們的環境保護在陽光閃耀的白晝裡——更確切地說是在空中，已經展現出令人振奮的進步。這裡在秋天時會劃過令人印象深刻的隊伍陣容，儘管稍後它對西班牙的火腿生產造成了傷害。

橫遭波及的伊比利火腿

降低一點自己的欲望與需求，與我們共存的其他生命，就會有足夠的容身之地。

每年我都欣喜地期待著秋天，更確切地說，是期待著灰鶴。牠們一群群劃過天際時所發出的那種如號角般的呼喊，不僅相距好幾公里都能耳聞，我自己現在是連隔著客廳緊閉的窗戶也能察覺得到。基於像濕地復育這樣有利環境保護的改善措施，灰鶴的數量在過去幾十年裡明顯增加，牠們的族群因此目前也不再面臨滅絕的威脅。於是每到秋天，我們森林工作站上方的天空，就會有一隊又一隊的灰鶴接連數天不斷飛過；有時候牠們飛得如此之低，你幾乎能聽到那奮力振翅的颯颯聲響。

究竟是什麼驅使鳥類在季節更迭之際，向遠方的國度飛去？牠們又是怎麼找出自己的路線的？候鳥遷徙是一種全球現象，每年大約有五百億隻鳥參與其中。這種大規模的飛行運動幾乎隨時都可見到，因為地表永遠有某個地方，正要從夏天進入秋天、從冬天轉換為春天，或者從雨季變成乾季。而隨著這種季節交替變化的，經常還有一地的食物基礎。

每當寒霜降臨在埃佛區（Eifel）的山上，所有的昆蟲便會開始準備進入冬眠。牠們會藏身在地底深處或大樹樹皮下瞌睡，有些也會借用紅林蟻還算溫暖的蟻丘，把自己安置得舒舒服服。藏匿在這些地方的昆蟲，幾乎是鳥類無法觸及的；而同屬鳥類潛在獵物的其他小型動物，大部分也會以類似的方式躲起來。這使許多鳥類也只得啟程飛往較溫暖且食物較豐富的地方。

多數研究者認為這種移動至其他棲息地的季節性遷徙，是由基因所驅使。這樣的說法在我聽起來，就好似這些動物飛行者是某種生物機器，以預設的密碼來完成既定程序，對於從哪裡來以及往哪裡飛，完全不假思索。

不過，牠們顯然是經過思考的，一如愛沙尼亞的科學家卡列夫．謝普（Kalev Sepp）與同仁艾瓦爾．萊托（Aivar Leito）的共同發現。他們從一九九九年起，為自己家鄉附近的一些灰鶴裝上發射器，以此追蹤牠們的飛行路線。之後謝普與萊托驚訝地確認了，那些灰鶴多年以來，都在三條可能的路線中輪換著。這個結果明顯駁斥了「基因性路線定位」的說法，連路線是習自較年長者的推測，似乎也被排除了——這同樣是至今常見的理論。因此謝普假設，這些動物在某種程度上會互通聲息，聊著哪裡有最便利的哺育條件以及食物蘊藏。[38] 就這點而言，也該是來談談本章標題的時候。

灰鶴透過牠們集體約定在特定地方碰頭的行為，確實妨礙了火腿的生產活動。當然並非以直接的方式，因為這種鳥對豬根本一丁點興趣都沒有。不過對於在西班牙與葡萄牙有特別珍奇的美味在等著自己，牠們可是心知肚明，那就是像橡樹子這類櫟屬樹木的果實。尤其在西班牙埃斯特雷馬杜拉地區（Extremadura）的冬青櫟森林裡，這種果實更是多不勝數。難怪那些過境我們森林工作站上空的灰鶴，要選擇這個樂園做為避寒勝地。在這裡牠們能補充體力，營養充足地度過寒冷的冬季。可是埃斯特雷馬杜拉的其他住民，也就是那些定居在此的農民，當然也懂得珍惜這老天的賜與；這些樹木的果實，是他們用來為豬加肥的聖品。

而那是鼎鼎大名的伊比利黑蹄豬（Ibérico Schweine），也就是製造伊比利橡實火腿（Jamón Ibérico de Bellota）的豬種。這種豬大多以符合生態原則的方式來飼養：牠們有一部分時間是生活在冬青櫟森林中，食物來源則有一半是各種草本植物以及特別重要的橡果。其實過去在中歐地區情況也是如此，農家的豬秋天時會被驅趕到森林裡，在那裡盡情大啖橡樹與山毛櫸樹的種子，並把自己吃得又肥又胖——肥肉當時對人還深具吸引力。德文中的「Mastjahr」一詞也源自這個時代，指的就是山毛櫸樹與橡樹每三到五年會特別盛產一次果實的「豐年」。

回到埃斯特雷馬杜拉，這裡的冬青櫟森林，過去曾是此地原始森林的重要組成部分。不過在伊比利半島幾千年文明的歷史更迭中，大部分的森林已被墾伐殆盡，之後人們種上其他樹種，改變了整個地表景觀。就這樣除了針葉樹之外，大規模的尤加利樹栽培業也愈來愈常見。尤加利樹長得很快，比起原有的橡樹這類櫟屬喬木要快得多，對於提高木材產量當然成效卓越。但是這種改變，對本土的生態系統卻是一場災難，特別是尤加利樹人工林，更被自然保育者視為綠色沙漠；它所含有的香精油，是森林火災發生次數暴增的罪魁禍首（在喉糖裡嚐起來卻如此清涼）。南歐與火災，聽起來似乎焦孟不離，可是原來根本不是如此。闊葉林的自然屬性不易燃燒，所以森林火災並不是這個緯度帶的生態系統應有的現象。

這也是為什麼那些僅剩的冬青櫟森林愈發重要，即使它們經常不再是天然林，而是農人協助栽培維護而成。此處這麼做的目的並不是為了要獲取林材，而是為了生產給豬吃的橡果。現在灰鶴得登場了，其實如果這些鳥所取走的只是其中一部分，對農民來說並不會有什麼大問題。癥結點在於鳥的數量。在過去的幾十年裡，灰鶴的族群數量以一種令人振奮的方式強勁翻升。根據自然保育組織世界自然基金會（WWF）的報告，一九六〇年代時德國境內大約只有六百對灰鶴，現在則已經超過八千對；若以牠們的整個分布區而言，也就是涵蓋歐洲北部以及一大部分的亞洲北部，目前據估計則大約共有三十萬隻。而在這當中，每年飛往西班牙度冬者的數量與日俱增。

所以想當然爾，對那些農民所放養的豬以及火腿產業來說，現在森林裡剩下的食物／飼料愈來愈少。這是個道德兩難的課題，因為豬的飼養促使人們保有冬青櫟森林，而這些森林本身則為灰鶴提供了重要的避冬食物。如果養豬業變得不具吸引力，至少有一部分的人會因此失去保存冬青櫟森林的動機。

這個難題到底是否有解？我認為有，而且答案聽起來很簡單：如果西班牙及葡萄牙有更多闊葉林，則各方都會受益無窮。當然，橡樹的生長速度遠不及尤加利樹或松樹，也比較不容易以機械加工處理；然而，它們畢竟能生產出受歡迎的良材，還能提供其他栽培業樹種所沒有的家豬喜愛的食物。不僅如此，森林火災的危險也會明顯降低，整個生態環境對其他物種也會再度具有吸引力，例如那些我們根本還沒提到的松鼠、松鴉，以及其他數千種以橡樹林為家的動植物。

當然在一個民主國家，無法直接以行政命令下令使森林面積倍增，不過在這裡補貼（我通常並非這種政策的擁護者）會是正確的手段。如果看看那些工業化大規模飼養動物的業者是如何深受政府補助津貼之惠，那為促進養豬農民與灰鶴的和平共存共榮做點事，應該也不會有什麼問題。畢竟使這個生態系統變得不堪負荷的原因並不是這些鳥，問題之所以會愈發嚴重，是因為剩餘的冬青櫟森林實在太有限。不過如果哪天南歐真的又有了更多冬青櫟樹，灰鶴的數量難道就不會跟著暴增嗎？答案是否定的，因為動物的數量，主要是決定於適於繁殖區的面積大小。而這種濕地面積可惜在歐洲也不斷減少，因此目前這種族群數量的正成長趨勢，終究在某個時候會到達停滯點。

假如我們所有的人，都可以降低一點自己的欲望與需求，與我們共存的其他生命，就會有足夠的容身之地。就此而言，灰鶴是絕佳的環境大使，牠們以疾風般的飛行與號角般的呼聲提醒我們，那些在環境保護領域中待建的「工地」。多希望牠們能聲勢壯大地這麼長久做下去。

不過，在冬青櫟森林再度擴張之前，人們有其他對策嗎？在這段期間，我們難道不能乾脆就直接提供食物給灰鶴嗎？這裡對我們幫助這些鳥朋友的方式拋出了一個根本的問題，它更與我們的情感、而非科學有關：看到這些鳥在冬天的處境，我們有辦法不心生憐憫嗎？那些沒有遷徙到溫暖南方的鳥兒，在我們從溫暖的斗室隔窗向外望時，正把自己抖成一團蓬鬆的胖羽球，蹲坐在灌木叢或樹梢的枝椏分岔處打著哆嗦。因為鳥類與我們同是恆溫動物，牠們必須一直保持較高的體溫，介於攝氏三十八到四十二度之間，甚至比人體還高。

幸好鳥類擁有一套與生俱來的禦寒裝備，那身暖和的羽衣，就讓牠的保暖工作容易了一點。把羽絨塞進我們冬天的夾克裡並非沒有理由——它有絕佳的隔絕保暖效果。再者，把羽毛豎起抖鬆的作用，就像罩上一層特別厚的氣墊；而牠的外形因此變成球狀，也讓自己在身體體積不變的情況下縮小表面積。此外，還有一種足部降溫機制，往雙腳流動的溫血會把熱量傳給從足部循環回身體的冷血，透過這種機制，鳥類完全暴露在外的肢體部位的體溫，會下降到幾近零度。基於這個原因，水鳥在池塘冰冷的水裡光著腳划行，也不會被凍疼。

不過愈是小型生物，其身體表面積的相對值就會愈大。換句話說，一隻熊每公斤重量所分配到的皮膚面積，會遠比一隻小鳥的還少，因此牠每公斤往外散失的熱能也要少得多。所以會面臨無法製造出足夠熱能這種嚴峻挑戰的生物，正是那些體型最小的鳥，例如體重大約只有五公克的戴菊鳥（Wintergoldhähnchen）。順道一提，戴菊鳥輕柔的啁啾聲，非常適合拿來做聽力測試——那音頻是如此之高，會使許多年過五十的人幾乎再也察覺不到（我自己勉強還聽得到）。

可惜那輕柔的呼聲，在保暖上當然毫無用武之地。這個體型小巧玲瓏的歌手，必須持續把自己不斷從皮膚及羽毛流失的能量補充回來，否則牠很快就會凍僵，而這無非意味著必須經常進食。

相對於熊已經舒舒服服地沉睡在牠們冬天的巢穴裡，山雀、知更鳥，以及其他同類卻還不斷地在尋找著卡路里，可惜僧多粥少，此時的食物經常滿足不了所有的胃。甲蟲與蠅科之類的昆蟲，不是蟄伏在森林地面落葉層深處，就是躲藏瞌睡於傾倒的枯木之中；而灌木的果實以及一些草本植物的種子，則若非深埋在冬雪之下，就是早已被採擷一空。也難怪有許多鳥會活活餓死，而牠們大多是未滿周歲的新生代。因此知更鳥的平均壽命不過十二個多月，雖然這種鳥要活到四歲或更老也毫無問題——前提是有足夠的食物供應。

所以，當你看到花園裡坐了一隻這樣凍僵的小「毛球」，心裡不會有一股憐惜之情油然而生，並有種非得伸出援手不可的感覺嗎？我自己在胡默爾鎮頭十五年身為林務員的生涯中，行事是相當教條的。餵食代表介入與干預，代表以非自然方式改變食物供應狀態。人們架設鳥屋，並提供穀物以及富含脂肪的飼料，會促使某些特定鳥種數量增加。許多幼鳥因此得以存活，而隔年這些鳥種會特別具有優勢——那些或許到不了鳥屋的其他鳥種，則會相對地變成犧牲者。除此之外，繁殖率會依冬季折損率做出最理想的調整，雛鳥夭折率較高的鳥種，通常會乾脆下多一點蛋或在一季中多次孵育。

那麼，我們可以就這樣直接插手干預嗎？我自己曾經拒絕這種行為多年，即使孩子們請求過幾次。然而，現在回頭看看當時的決定，其實有點遺憾。大約在十年前，我的態度不再那麼堅持，於是為鳥兒搭建了一座餵食小屋。小屋被安置在廚房窗前，這樣我們在早餐時就有觀察鳥兒的機會；妻子及孩子對此興致高昂，很快地，望遠鏡與鳥類圖鑑也都出現在窗邊了。

不過，對我來說那歷史性的一刻，是中斑啄木鳥（Mittelspecht）這位意外之客的來訪。那是我特別喜歡的鳥種，牠的生命與老闊葉林是如此緊密地結合在一起。中斑啄木鳥屬於瀕危物種，牠的棲息地必須是特別老的山毛櫸森林，只有在那裡，這種鳥才能過得安適愜意。原因之一聽起來相當平凡無奇：樹齡小於兩百歲的山毛櫸，樹皮過於光滑，如同較年長的人類一樣，山毛櫸樹皮也是在年齡增長之後才會形成皺褶與紋路，也只有如此，中斑啄木鳥的腳才能在樹幹上找到支撐點。此外，這種色彩繽紛的鳥也不喜歡鑿樹洞，說不定是因為牠與其他啄木鳥不同，在敲敲打打時更容易有頭痛的毛病？

不管原因是什麼，總之中斑啄木鳥通常會利用其他鳥孵育過幼兒的舊樹洞，就算不得已得親自動手，也會選在某些木頭已經腐朽且脆弱軟化的樹幹部位開挖。而現在這種羞怯且罕見的貴客，來到了我們那小小的鳥屋。在那之前我已經認定林區裡沒有中斑啄木鳥，也因此牠的大駕光臨，更為我帶來雙重喜悅：一是為這種鳥本身，其次則是為我們的森林。牠的存在，幾乎就像一種生態品質的認證標章，而牠現在被免費贈送到我家來。想當然爾，從那天起我總在等著這個特別的森林使者現身——而牠果真經常來訪，因為中斑啄木鳥是少數在冬天也會忠實固守自己領域的鳥種之一。

不過，即使這些體驗讓人滿心歡喜，有關冬天餵養鳥類在生態上是否正確這件事，我還是想再說明一次。無論如何，這都改變了鳥類世界的遊戲規則，只是影響究竟有多大，或許以德國弗萊堡大學（Universität Freiburg）格列戈爾·羅斯豪森（Gregor Rolshausen）博士為首的研究團隊能夠告訴我們。他們研究了兩組不同的歐洲黑頭鶯（Mönchsgrasmücke），這種體型有如山雀大小的鳥很容易辨識：灰色的羽毛，裝飾在頭頂的色斑在雄鳥是黑色，雌鳥則是紅棕色。這種鳥在我們這裡度過夏天，秋天時則會動身遷徙到像西班牙這樣較暖和的地方。在那裡牠們以野莓及果實為生，其中也包含橄欖。不過自一九六〇年代以來，第二條遷徙路線出現了，它更偏向北邊且目標直接朝英國而去。追根究柢，是愛鳥的英國人把他們國境內的飛禽款待得如此之好，竟使某些歐洲黑頭鶯不願再繼續往南飛了。

飛行到英國這個島國的路線，明顯比到西班牙更短；此外，人工飼料與橄欖的差異太大，要想吃這種新食物，歐洲黑頭鶯原有的嘴形其實也不適合。基於以上原因，飛往英國的那部分的黑頭鶯族群，開始在過去的幾十年裡，從外形和基因上產生變化。牠們的嘴喙變得較細較長，翅膀卻變得較圓且較短。這兩種變化，都是為了要適應放置飼料的鳥屋旁的生活：新嘴形讓牠們更容易吃得到種子與脂肪，新翅膀則不再有利於長途飛行，而是方便牠們在花園裡短距飛行時的必要迴轉。又因為這群黑頭鶯，與其他同類幾乎很少再交配，於是逐漸形成了一種新的鳥種——一種經由冬季餵食行為而產生的新鳥種，大概足以被描繪成「對自然的嚴重干預」。

然而，我們非得從負面角度來評價這件事嗎？當有新物種形成了，首先不該更是件喜事嗎？物種多樣性對生態系一直都有著加分的作用，在這個例子裡，那是對環境變遷的一種更好的適應能力。唯一比較棘手的，是如果這個新物種又與原物種結合，使遺傳因子有所變異，原有的歐洲黑頭鶯種便會絕跡。

這種現象我們可以在許多人工育種的植物身上觀察到，譬如果樹。純種的野蘋果與野梨樹幾乎都不復存在，說不定它們真的也已經完全滅絕；究其原因，是人類長達數千年的果樹栽培史，結合著同樣悠久的育種工作。而為哪一種果樹的花進行授粉，對蜜蜂來說根本無所謂，因此牠們當然也會把果樹作物的花粉，帶到同類野生種的花朵上。於是遺傳因子產生混合，野生種果樹的後代也產生了相應的變化；然後終究在某個時候，那碩果僅存的一棵，也會逃不過因昆蟲授粉而被改變的命運，於是往後世人所見的便只有雜交種。這重要嗎？我們無從得知，但它至少確實是一種損失。在每隻牛身上都有原牛的影子——只可惜（從遺傳學的角度來看）其中的成分稀釋了許多。令人遺憾的是，要將原牛再度完整地復育回來，已經是不可能的任務，此時此刻我們能做的，不過是讓一些牛以赫克牛（Heckrind）*的樣子，也就是那些在外表上幾可亂真的復育種，奔馳在某些自然保育區裡。

然而，關於餵鳥，當然還有完全不同的面向，而這裡我要再回到一開始所提到的「情感」。讓我領會到那過程中可以感受到多少快樂的，不僅是那隻中斑啄木鳥的出現，還有一隻名叫可可的烏鴉，我在《動物的內心生活》（*Das Seelenleben der Tiere*）中對牠已有所描繪。在有關食物這件事上，可可只會在冬半年出現在我們眼前。不過我們的兩匹母馬嬉皮和布里姬，是整年都待在草地上的，因為戶外的新鮮空氣有益牠們的健康。在此同時，這兩匹母馬也都頗有年歲，為了怕牠們體弱消瘦，每天我們都會為牠們加餐，給份額外的營養口糧。而可可早先總會從馬糞裡挑出那些沒有消化的穀粒來吃，這實在讓我覺得有點倒胃口。

因此幾年來，妻子和我總會在繫馬繩的那根橫梁上留些穀粒，讓可可也能毫無「衛生顧慮」地吃一頓早餐。不過我卻完全忽略了，這隻烏鴉會以非口語的方式與我們溝通。有一天，牠嘴裡啣了一棵橡果飛過我身旁，然後在我面前把它藏在草地裡，不過當牠發現我在一旁觀察時，便立刻再把橡果挖出來，又飛了一小段距離，以終於能避開我的視線的方式，再把它安全

——譯註——

＊ 德國動物學家海恩茲．赫克（Heinz Heck）與路茲．赫克（Lutz Heck）兄弟在一九二〇年代的育種實驗成果，因而得名。其目的是重新復育出原牛，原牛是家牛的祖先，一種頗具傳奇色彩的野牛，體型龐大力大無窮，雜食性，曾廣泛分布在歐亞大陸上，十七世紀時已絕種。

地埋進去。在這之後，牠才又飛過來享用那份穀物早餐。我的孩子在那天的早餐桌旁聽到這個小插曲後，熱切地建議我以這為素材，把它寫進那本與動物有關的新書中。

或許有人會認為，在那之後我對於這類事件的觀察力應該會更加敏銳——可惜沒有，因為我終究還是忽略了可可切切實實的愛的宣言。

直到珍·比林赫斯特（Jane Billinghurst）連絡上我時，我才留意到這隻烏鴉的行為。當時她已經為北美的讀者譯出我《樹的祕密生命》（*Das geheime Leben der Bäume*）這本書的英文版，正著手翻譯《動物的內心生活》。為了要使我書中的描寫也讓當地讀者毫無窒礙地理解，我們以一些發生在英語圈裡的實例，來替代原本取自德語區裡的資料來源。她所提出的建議之一，是在〈感激之情〉（有關動物是否能夠且如何表達感謝）這一章節中，擷取一則英國廣播公司（BBC）的報導為例，而故事發生的背景是在西雅圖。

那裡住了一個名叫加比（Gabi）的小女孩，才四歲大的她，有時候吃東西還會不小心在花園裡掉下碎屑。而烏鴉總是迫不及待地接受這邀請，欣然吃下這份意外的贈禮。漸漸地，因為喜歡這隻大鳥，加比習慣與烏鴉共享自己午餐餐盒裡的食物。到最後，她甚至開始有計畫地餵養起牠們。她會在容器裡放上核果，準備好飲水，並將狗糧撒在草地上。那是這段人與動物關係的轉捩點，因為那群烏鴉也開始回贈加比禮物；牠們對小女孩表達謝意的方式，是在空餐盒裡放入細小的碎玻璃、碎骨頭，以及小珠子或小螺絲。於是，一份令人嘖嘖稱奇的收藏就這樣形成了。[39]

我覺得這個故事十分動人，自然也同意以它做為美國本土的例子，來說明動物的感激之情。而當我在那之後再次與妻子踩著沉重的步伐（時值十二月）走向馬兒，放在繫馬繩的木頭上的一顆小蘋果引起了我們的注意。那一刻我才恍然大悟，可可其實早就已經回贈了我們好幾年的禮物，只不過我們沒有真正察覺牠的心意。雖然那些出現在放置飼料之處的水果、小石頭，或有時候是老鼠的某個部位，總是令我們感到驚訝，卻從未想過這些是要送給我們的禮物。沒能早點注意到可可想要藉此表達的心意，讓我們回想起來很是遺憾；不過，之後每當牠又為我們放了某些東西，我們卻也因此更加歡喜。

所以，讓我們再回到這個問題：這樣的餵食行為有害嗎？我們是不是也因此干預了自然的運作？沒有我們，可可或許早已餓死，而另一隻烏鴉或另一種鳥，則會利用牠在這個生態系裡空出來的位置。我們已經分析過餵食動物對環境所造成的正面與負面直接效應，卻尚未觸及一個很不同的觀點——同理心。同理心是推動環境保育的最強大的力量之一，其影響及作用可以勝過所有的法令規章。只要想想那些反對捕捉鯨魚或獵殺小海豹的運動——廣大的群眾之所以能夠一呼百應，是因為對那些動物我們深感同情。而且動物愈貼近我們，我們的同情心就愈強。

這裡「貼近」指的確實就是距離較近，而這也是如果飼養方式符合人道，基本上我並不反對動物園的原因之一。愈有機會近距離體驗動物的人，愈能在心理上感受與牠們緊密連結，相對地也就愈能在保護動物上採取行動。基於這個理由，我也認為不准個人飼養野生動物這件事（至少在德國境內）有點可惜；尤其是當對象並沒有滅絕風險時，它的影響就整體而言其實利多於弊。曾經有過前述那種與動物接觸體驗的人，不會再斥責前院不請自來的喜鵲，也不會再贊成射殺鴉科鳥類。沒錯，一些因照顧方式不當而錯愛致死的案例，或許無法完全避免；然而總結來說，一個人們可以親身體驗到的大自然，就是對它最好的保護。

這裡要再小小提醒一下：鳥類在冬季也有渴死的危險。因此放一碗水在戶外，有時候會比給飼料還更救急。我們從家裡給馬喝的水槽，就能觀察到這一點。牠們全年都活動在馬圈裡的草地上，就連冷得叫人發顫的霜凍天也不例外，因為比起站在溫暖的馬廄中，牠們更寧願待在戶外。只不過水在這裡同樣是個問題，因為水槽裡的水總會結成冰，而我們唯一的補救辦法，就是用手推車或四輪摩托車把裝著溫水的水桶運過去。接下來我們有時候就也能觀察到可可和牠的伙伴，是如何在吃完穀粒點心後，到馬圈水桶這裡來喝幾口新鮮的水解渴。

不過冬季的餵食行為，在某些動物身上卻可能造成正好相反的效果——牠們會帶著塞得滿滿的胃餓死。至於這到底是怎麼一回事，以及今天樹木為什麼再也擺脫不了野豬，都已經超出本章的範疇，詳情就請見下回分曉吧！

操縱野豬的蚯蚓

一座不折不扣的動物園出現在中歐的森林裡，而這怎能不讓獵人心癢難耐。

暖冬會引發蚊蚋肆虐或樹皮甲蟲氾濫成災，這種說法我實在聽到耳朵都長繭了。雖然我已經對樹皮甲蟲做過說明，牠們之所以繁殖得如此劇烈，原因其實更在於我們林業經營的方式；不過這整件事還是值得更仔細地再審視一下。嚴酷冬天的特徵，是幾個星期的天寒地凍以及相當程度的霜雪覆蓋，一切都凍結成冰，地表幾公分深的土壤全部化為堅硬如石的團塊。此時此刻在外頭的森林裡，生活可一點都不輕鬆愜意。

就讓我們先從那些體型較小的動物開始，看看天氣狀況對牠們有哪些影響。在防凍這件事上，昆蟲特別能充分利用自然法則，也就是微量的水，會在氣溫遠低於零度時才結冰。以此推算，五微升*的水要在氣溫低於零下十八度時，才會結成冰晶。不過即使如此，冬天對樹皮甲蟲家族裡最年幼的成員來說，還是非常險惡，一旦寒霜遲遲不退，牠們的卵與幼蟲一樣會一命嗚呼，撐不到來年春天。而且這還不是因為牠們本質上承受不了刺骨的寒氣，沒錯，讓牠們小命不保的，是侵入牠們口器與呼吸器官的水分。因為相較於幼蟲的體液具有抵抗零下低溫的防凍效果，從體外進入的水氣，則會在溫度下降時立刻結冰。也因此當牠們的避冬處覆蓋有厚厚的能阻擋凜冽寒氣的積雪時，幼蟲存活的機率就會特別高。不過成年後的甲蟲並沒有這個問題（直到零下三十度的低溫牠們都能安然挺過），所以樹皮甲蟲會盡可能地不在秋天產卵。

太過溫和的冬季，對想要孵育後代的樹皮甲蟲來說也是場災難。因為溫和在德國意味著「潮濕」。只要想想你更願意在哪一種天氣活動——是氣溫維持在冰點上幾度的雨天，還是霜雪數日不化的晴天？無論如何我都偏好後者，冰點以下的氣溫，通常代表著出門不會被淋濕，也較容易維持體溫。反之，喜歡濕氣的真菌，只要氣溫在五度以上就會再度活躍起來；它們有辦法讓自己來到那些正在度冬的昆蟲身上，並把睡夢中的牠們慢慢吃掉。

相對於樹皮甲蟲幾乎是全身僵硬地在等待春天來臨，大多數的哺乳類動物在冬天都保持著清醒與活躍的狀態。這同時也意味為了維持體溫，牠們需要持續補充食物。在這點上牠們與鳥類同病相憐，而面對身邊的這些四腳動物，我們不是也應該適切地表示同情嗎？不是也應該餵養牠們嗎？其實有人已經這麼做了，至少對某幾種動物而言。你見過那種放在森林裡的糧草架嗎？或是幾個裝滿玉米粒的木箱子？這全都是要幫那些饑餓的鹿群與野豬過冬的。不過在此同時我們也知道了，這個舉動跟民胞物與的無私精神八竿子打不著，因為一直以來，都只有那些頭角或犬齒能以狩獵獎盃的型式被裝飾在客廳沙發背後牆上炫耀的動物，才能得到這種食物贊助的青睞。所有其他的動物，例如狐狸或松鼠，就不會被列入考慮。不過那其實也完全沒必要，畢竟牠們在這個氣候區內適應良好，而且對於如何熬過嚴寒時節，也發展出自己的策略。

相較於松鼠在秋天會屯積存糧，並以連睡多日的方式來度過冬季，紅鹿則掌握了另一套管理自己體溫的方式。牠們會在林下的矮樹叢中站著瞌睡，以度過幾個最寒冷的月分；維也納大學（Universität Wien）的研究人員發現，為了節省能量，紅鹿能讓自己皮下的體溫降到只有十

——譯註——

* μL，1微升=0001毫升。

五度——對大型溫血哺乳類動物來說，這可是件不得了的事。根據這個研究計畫主持人瓦爾特．阿爾諾德（Walter Arnold）教授的說法，這是一種類似冬眠的行為。[40]以這種節能策略，紅鹿在秋天進食時累積儲備在身上的脂肪，能夠用到春天來臨時。因此最後只有那些體弱多病的個體會餓死，而這也是一種從基因上維持個別物種健康的自然淘汰方式。

尤其對紅鹿而言，冬季的餵養行為甚至能間接導致牠們饑餓而死。二〇一二到一三年之交的冬天降雪量特別豐富，當時就發生了這樣的事件。紅鹿的數量在我家所屬的阿爾魏勒郡（Ahrweiler）裡本來就成長驚人，用「摩頂放踵」來形容牠們在森林裡活動的樣子幾乎也不為過。而這些饑餓的動物如今出沒在農人的牛舍裡，把牛飼料吃個精光；一位同事甚至傳給我一張照片，上面是一隻母鹿正在餵鳥的飼料小屋旁「吃點心」。於是理所當然的，來自狩獵圈裡要求允許餵養的呼聲愈來愈大，為了要搏取人們對紅鹿的同情以及對政治人物施壓，甚至還有獵人出現在學校裡。

那年的冬天死掉了不少紅鹿，而這激發了一場論戰：我們真的要讓這種美麗高貴的動物活活餓死嗎？關於這點，動物醫學檢驗卻有個迥然不同的發現：這些死去紅鹿的胃裡都塞滿了食物，所以「餓死」這個原因可以排除。事實證明牠們腸胃裡數量驚人的寄生蟲，才是真正終結這些宿主性命的罪魁禍首。[41]因為族群數量龐大，個體彼此之間以及與受汙染糞便的接觸機會都更加頻繁，而這絕對有利於寄生蟲的傳播——人類餵養動物的一個間接後果。

不過即使有這樣的檢驗結果，獵人的看法並沒有因而調整；盡可能讓許多大型食草動物存活下來，始終是他們更為樂見的結果，因為如此一來，他們每天傍晚都能從獵臺上看到獵物出沒。但是過度繁殖也會製造爭奪領域的壓力，而這同樣會反映在野生動物減輕的體重上，尤其在狍鹿身上，甚至連鹿角都會較小。對於以「野鹿多不勝數且頭角愈大愈好」為努力目標的獵人來說，這是個沒有人樂見的後遺症；然而，由於認不清事情真正的癥結，他們繼續試著讓那些較弱小的個體長肉變壯。而如我們所見，那只是使這種效應更加惡化，況且這樣的「餵養增肥」行動，也有它的成本代價。

《綠色狩獵》（*Ökojagd*）這本雜誌，有次就示範性地以獵場租賃者提供的資料換算出實際餵養的成效。其結果是每公斤獵到的鹿肉，都相對地要耗掉十二點五公斤的玉米。[42]這個數值，是採行大規模飼養的肉品工業所需要的好幾倍。

而一如自然界運作的方式，營養會被立即轉化在繁殖率上，於是個體數量也有了爆炸性的成長。結果野豬出現在葡萄園，在人家的院子，甚至在柏林的亞歷山大廣場上，因為隨著時日過去，森林對牠們來說變得太擠了。自然精細調整而成的平衡被如此介入後，還造成了其他的失敗者——樹木。它們在過去的幾百萬年裡發展出一種完美的策略，讓大型食草動物對自己無從下手，而這個策略，如今卻因獵人的餵養行為不再奏效。

山毛櫸樹與橡樹堪稱是德國兩大最重要的自然原生樹種，它們的種子都非常大。一顆山毛櫸樹的種子雖然只有半克重，但就森林樹種而言，已算是相當可觀。像做為松鼠、林鼠，以及許多鳥類重要食物來源的雲杉種子，重量就只有零點零二克，也就是山毛櫸種子的二十五分之一，但即使如此，它對動物還是很具吸引力。不過山毛櫸果之所以被描繪為真正的熱量炸彈，除了分量這個因素之外，還因為那裡面有將近一半的成分是油脂。在這方面能更勝一籌的，當屬每顆平均重量約四克的橡果。橡果的油脂含量雖然只佔百分之三，卻有高達百分之五十的澱粉，因此在動物的秋季食物搜括樂透彩中，堪稱最大獎項。[43]

不過這場樂透彩，每三到五年才會上演一次，於是忍受饑餓對許多動物來說，在其他時候不過是家常便飯。而這也正是山毛櫸樹與橡樹不在每年秋天都結果的原因：如此能避免野豬、狍鹿、紅鹿、鳥類，以及饑餓昆蟲的數量，會跟著這場樂透彩而大量增加。

野豬尤其擅長嗅出這些令人覬覦的種子，在某些年裡，甚至有辦法把整座森林吃得精光。牠們的數量因此能在短時間內快速成長三倍，隔年便會有大幫大幫的野豬穿梭在秋天的落葉堆中，翻遍每根枯枝、每塊石頭，以及每個老樹樁。於是乎，再隔年的春天，這裡不會有任何萌芽中的山毛櫸樹新生代，也不會有任何橡樹幼苗能探頭見到這個世界的光；如果這種情況持續幾十年，森林將會步入老化。

一旦有老樹死去，在空出來的位置上生長的是青草與灌木，於是這裡會逐漸形成草原的樣貌。不過，樹木是懂得要防範於未然的，舉例來說，每隔一段較長的時間才開花。不過這還不是全部，因為如果只有某些停止開花，其餘的卻結滿果實，那又有什麼用呢？唯有讓野豬連續幾年都找不到富含養分的種子，饑荒才會真正爆發。

所以有效的作法，是尋找一種共同的花期策略，而且同種樹木之間必須有所約定。不過，如果只是某一森林區裡的山毛櫸樹，透過地底下的根部連結與真菌菌絲來達成協議，是不夠的；這種溝通方法雖然運作得很好（令人驚異的是部分還透過電子形式），可惜要達成以上的目的，這個「森林資訊網」所能及的範圍還是不夠廣闊。究其原因，是野豬的移動範圍非常廣闊，牠們有辦法乾脆連座落在十或二十公里之外的森林區都一併搜索。因此樹木之間的約定，是在大空間裡進行的；而這裡的「大空間」，意味著跨越幾百公里的距離。這究竟是怎麼運作的，目前還無人知曉，只不過事實顯示，除了個別的偷跑者之外，整個區域的樹木全都完美地同步開花結果或集體休息。

然而，在當前的德語區內，這種闊葉樹的策略遭到硬性廢止，而且是透過獵人。他們不僅在冬天餵養野豬，還經常是全年無休，這阻礙了山毛櫸樹與橡樹特意製造的食物短缺現象。在巴登—符騰堡邦（Baden-Württemberg）的一項研究中，檢驗了被獵殺的野豬的胃，結果發現以全年平均值來說，野豬的食物至少有百分之三十七來自獵人的餵養。在冬天時，這個比例甚至會提高至百分之四十一，而這點的後果尤其嚴峻。[44]因為本來除了山毛櫸果與橡果大發的豐年之外，森林的地面冬天時都是一片空蕩，野豬的胃當然也是如此。牠們之中有不少本來會因饑餓而死，之後其數量也會再度與生存空間相容。

然而，如果牠們從來都沒有機會餓肚子，以上的情況當然也就不會發生。野豬隨時都能到數千個餵食點之一盡情開吃，而這對牠們的繁殖率也有推波助瀾之效。綠色狩獵聯盟（ÖJV）就曾經對此進行估算，以明確的數據指出這對個別動物的影響：在萊茵—法爾茲邦（Rheinland-

Pfalz）威斯特森林（Westerwald）的一些極端案例中，每隻獵到的野豬，平均可分配到高達七百八十公斤的飼料。[45]

獵人這一邊所做的，是想盡辦法掩飾野豬總數增加的根本原因。他們宣稱那一大塊、一大塊的玉米田，為野豬打造了真正的美食天堂，因此這種農業型態才是真正的罪魁禍首；而氣候變遷伴隨著冬季暖化，也有利野豬急劇繁殖。至於，餵養野生動物的行為早已不復存在，至少餵養野豬就已經被禁止。這麼說確實沒錯，只不過他們是用「誘餌」取代了「餵養」一詞，也就是以玉米粒為誘餌，將獵物引誘到有獵臺的林間隙地上。官方說法是，由於動物會在這裡被射殺，所以置放「誘餌」的作用，是在降低、而不是提高野生動物的數量。可是當「誘餌」多到讓野豬的繁殖率超過獵殺率，這種引誘行動的意義就變成了無稽之談。除此之外，餵養行動在多數地區都還繼續非法進行著。

所有獵物可能會垂涎的東西，都會被隨意傾倒在森林裡一般公眾看不到的地方。我在林務單位任職之初，就曾經在一處林間空地上，發現整整一貨車被棄置的鬱金香球莖。它們顯然因為不適合買賣而必須被處理掉，而租了獵場的獵人心裡大概盤算著：「為何不物盡其用，把還有用的東西送給需要者呢？」於是就乾脆讓人把整車貨都運過來。而野豬似乎真的也挺愛吃的，因為不到幾個星期，所有的球莖都消失了。

會被當成餵養野生動物的食物來處理的，還有那些依據歐盟法規太小、太輕，或是形狀不符合標準的蘋果。一個住在洪斯呂克山區（Hunsrück）的熟人還告訴過我，他們那裡有獵人把成噸的夾心巧克力撒在向村子租借的獵場裡，而至少從外表看起來，那些巧克力還是美味到會讓人口水直流的狀態。所以基本上獵人的所作所為，與幾十年前那種大餐廳的老闆很像：當時為了回收餐廳廚餘，飼養滿滿一豬圈的豬是常見的事，也就是利用吃剩的火雞燉肉、烤馬鈴薯泥塔或培根燉豆子，把豬隻養胖後，才能再度生產出新鮮的食品。而森林裡的餵養行為與這並沒什麼兩樣，唯一的差異僅在於「豬圈」的型態：這裡空間要大得多，且是由樹木所組成。

至於一座原始森林固有的景況，在此同時也因林業經營與狩獵活動而完全混亂了。例如過去在每平方公里的森林裡並沒有幾隻狍鹿，今天平均則為五十隻。身為草原動物的紅鹿過去在森林裡極為罕見，野豬也是，然而目前許多森林除了狍鹿之外，每平方公里內還要再加上各十隻左右的紅鹿與野豬，於是森林真的擁擠了起來。一座不折不扣的動物園出現在中歐的森林裡，而這怎能不讓獵人心癢難耐。

面對有能力摧毀絕大多數幼苗的食草動物大軍，我們的闊葉樹究竟還有沒有未來？其實我們也沒必要想得這麼悲觀，因為幸好癥結只在於時間，而情況終究會好轉。關鍵之一，是和黃石公園一樣，狼又慢慢出現在歐洲各地，巡視著一切是否安好；此外，樹木還擁有其他的祕密盟友，而且出乎意料的，其中之一便是生活在地底下，且對野豬可能極度危險的蚯蚓。沒搞錯吧？蚯蚓不總是一派平和地窩在地道裡，慢條斯理地嚼著落葉，然後排出腐植質嗎？

是這樣沒錯，但牠們也能對野豬構成危險。只不過一開始的情況恰好相反：野豬會用牠那圓盤狀的鼻子四處翻攪鬆軟的土壤來找肉吃，而牠其中一大熱愛的食物，確實就是蚯蚓。據估計，每平方公里地面下的土壤中，最多可住有總重量高達三百公噸的蚯蚓。[46]相較之下，同樣面積上所有大型哺乳類動物（狍鹿、紅鹿及野豬）的重量，則大約只有其三分之一。順帶一提，也因此對我們人類而言，在遭遇急難狀況需要食物時，挖挖腳下的土壤，會比起身去打獵還來得有用。

讓我們再回到野豬。牠們把那些本身完全無害的蚯蚓吃下肚，卻也為自己招惹來不速之客。那是肺線蟲的幼蟲，牠們會先在這種土壤生物的體內發展出來，接著再等待合適的最終宿主。而那也可能是人類，所以容我再回到急難狀況這個話題——有疑慮的話，最好先把蚯蚓炒熟！一旦野豬吃下蚯蚓，這些幼蟲便會透過血液循環來到野豬的肺，牠們會在支氣管裡住下並發展為成蟲，導致野豬肺部發炎及出血。之後牠們的卵會隨著野豬的糞便一起排出，而蚯蚓又會再度把蟲卵吃下肚，一個循環於是完成。

由於呼吸器官逐漸衰弱，這種鬃毛動物對許多其他的疾病，都會變得毫無抵抗力，尤其是那些未滿周歲的小野豬，死亡率更會大舉攀升。野豬的數量愈多，身上帶著病原的蚯蚓就愈多，而這又會再提高野豬的感染率。整個情勢會如此持續向上擺盪，直到牠們的族群數量在某個時候突然崩潰。簡而言之，野豬愈少、排泄出的蟲卵變少，蚯蚓就愈不容易受到感染。肺線蟲也因此是調節野豬族群多寡的因子之一，不過野豬身邊，可不乏其他的微型對手。

其實專與這種鬃毛動物作對的病原體，多到可以組成一隊大軍了，而其中多半是病毒。病毒是非常奇怪的生物，且慢——它們算是生物嗎？科學家並不把病毒視為是地球的一種生命形式，因為它根本連細胞都沒有，當然也就沒有自我繁殖的能力，以及基本的新陳代謝作用。一個外殼，包覆著一個負責複製的機制，就這樣而已。因此病毒基本上是死的，至少在它還沒有鎖定上一隻動物或一株植物之前；然而這一旦發生，它就會讓複製的機制滲透進陌生的有機體中，操控它、讓它複製出千百萬倍的自己。不過病毒畢竟和我們的細胞不同，由於缺乏自我修復機制，這個過程會不斷出錯。

錯誤百出，也意味不斷推陳出新的變種病毒。在這種情況下，有多少變種病毒的下場為死路一條，其實並不重要，因為在這麼多的瑕疵品中，總有幾個能派得上用場。所以病毒有辦法快速適應新的環境條件，並更有效率地侵襲宿主，特別是新的突變種，常常更具有能致命的潛力。殺掉自己侵入的生物體，通常沒什麼道理，因為這樣一來，在一波流行病肆虐過後，病毒本身很難再找得到繁殖複製的機會。它們雖然利用宿主，但並不想要它／牠的命，只有那些尚未完全適應宿主的新突變種，才會做出這種蠢事。

這個原則反過來當然也適用在宿主身上，與病毒維持長久的關係，自己也會逐漸適應，疾病便變得相對較為無害。對此，水痘就是個令人傷懷的歷史舊案，因為相較於歐洲人對這種被視為兒童疾病的感染適應良好，歐洲白人移民帶進北美洲的病毒，卻在當地原住民之間殘酷肆虐，與麻疹及其他疾病一起作威作福，在有些部族裡，甚至有高達百分之九十的人口因此喪命。

這種情況在將對象換成動物後，並沒有什麼兩樣。我們的全球化經濟，為牠們創造出一種類似當時人類移居新大陸的環境。在貿易產品的包裝上，也在活著的動、植物身上，都夾帶著對當地動物而言完全陌生的疾病。

非洲豬瘟病毒就是這樣的疾病。此病毒在二〇〇七年時，首度在俄羅斯確認。非洲豬瘟病毒通常活躍於非洲，而當地的軟殼壁蝨（Lederzecke），就是負責在吸血時，把病毒傳播給不同動物的罪魁禍首。不過軟殼壁蝨是否存在於歐洲並不是重點，沒錯，這裡幫病毒打開方便之門的正是人類。究竟是誰把它引進的，沒人確切知道，但是病原體移入的管道，很可能就是一批進口豬肉；或許後來因為有屠宰場對廢棄物或整隻動物的處理方式不合法規，病毒才開始向外擴散。尤有甚者，動物一旦感染到這號病毒，發病之後的死亡率是百分之百。[47]

這種發展對野豬來說，很具衝擊性嗎？對單一的個體或野豬家族來說肯定是——野豬具有很強的社會性，譬如說牠們很喜歡彼此依偎在一起，因此病原很容易從一隻傳到另一隻身上；即使並非所有親人都被感染，因為牠們熱愛自己的父母、孩子與手足，還會思念死去的家人，所以逃過一劫的成員也會跟著傷心痛苦。不過，豬瘟對森林這個生態系統的發展，卻也不見得是場災難；因為缺乏軟殼壁蝨做為中間宿主，它在德國這種自然環境下很難擴散開來。使疾病在動物間的直接傳染變得輕而易舉的，是我們這裡高到違反自然的野生動物數量。假若牠們的族群規模因疾病而縮減，野豬群之間的接觸機會就能變少，接下來病毒無法進一步傳播，這波傳染病便會瓦解——而山毛櫸樹與橡樹，也可以再度喘口氣。

相較於病毒與野豬之間的關係被研究得很透徹，有些「相互關係」，卻註定永遠難以探究，譬如一些所謂的自然指標現象，能讓人在秋天時，就預測接下來的冬天會有多冷。會這麼說的原因是：它們幾乎全都源自我們祖先的想像。

童話、傳說與物種多樣性

人類是否有真正理解環境中各種相互關係的那一天？

我們已經觀察了自然界裡許多要素的互動，其中有的關係相當複雜。然而，有些一般看來可能要顯而易見得多的「相互關係」，我卻至今尚未探討，理由很簡單：因為它們並不存在。舉例來說，山毛櫸樹與橡樹的結果狀態，自古以來就被用來預測天氣。古老的農夫法則有此一說：「山毛櫸果與橡果多多，冬天就不會讓你好過」，又或者「九月橡果多，十二月霜雪厚」，諸如此類。要追究這些說法的真實成分，首先浮現的問題便是：一棵樹為什麼得那樣做？結出許多果實的行為，要如何幫它度過冬天？這麼做的間接效應又是什麼？

可惜這些問題的答案我都無從得知。我所確知的，就只有橡樹與山毛櫸樹在各自的樹種間有個共同的花期約定，它們每隔幾年，就會突然大爆發，攜手結出數量驚人的果實。原因前面已經說過，如此一來草食性動物的數量發展，就無法順應一種持續且穩定的食物供應而行。但是這個原因，與冬天可一點都沾不上邊。

此外，所有的花蕾（正如所有的葉芽）其實早在前一年的夏天都已蘊釀好。如果樹木要讓自己種子的生產狀態適應接下來冬天的溫度，它必須能早在一年多前，就知道且計畫這一切。可是山毛櫸樹及橡樹預測天氣的方法，跟我們人類差不了太多。樹木能夠察覺逐漸縮短的白晝以及下降中的氣溫，也會依此來控制葉子的脫落，以便及時在第一場大雪降下前完成任務。然而，不斷提早在十月爆發的寒潮，常使它此時還掛著部分綠葉的枝條，不堪潮濕新雪的重壓應聲而斷。這對樹木是疼痛異常的一課，也顯示了即使是這樣的短期預測，許多時候它還是會出錯。樹木雖然或許能在年少時從中學到教訓，在未來早點甩掉樹葉，但這也只不過是一種較審慎的措施，與預測得更準八竿子打不著。所以，即使是樹木，都不可能在一年前就有效預測——這點倒是毋庸置疑。

沒關係，不過那松鼠又是怎麼一回事呢？在民間傳說中，松鼠也被認定具有預告冬季將會極其難捱的能力。如果牠們種子收集得特別賣力，橡果與山毛櫸果藏得特別多，那接下來的冬天就會特別嚴峻。真的嗎？我相信你心中自有解答。不用說也知道，這種可愛的囓齒動物對於數月之後的天氣動態，當然也不具有神祕的第七感。牠的收集熱，端看供給的多寡而定，也就是說，如果樹木生產出許多種子，那這種紅毛小精靈也就能收穫滿滿；而要是碰到樹木約定的停歇期間，牠便幾乎沒有什麼果實可藏，我們自然也就很難觀察到牠藏種子的行為。

還有一種「相互關係」介於傳說與事實之間，也就是其所描繪的互動雖存在，解釋方式卻是錯誤的。對我個人而言，最經典的例子，莫過於總是一起登場的扁蝨與金雀花：一般認為，這種小吸血鬼特別喜歡逗留在金雀花叢中。在歐洲，只要是受到大西洋調節，而夏天涼爽、冬天溫和的地方，就有金雀花的蹤影，我所居住的埃佛地區也是如此。金雀花在這裡分布地如此廣泛，在某些地方甚至成為塑造地表景觀的要素。春天時，那整叢灌木經常完全覆滿了金黃色的蝶形小花，其繁盛茂密的程度，幾乎使人只見黃花綻、而不見綠枝條。大型的金雀花樹籬，讓整個地表景致都閃耀著明亮的金黃色澤，因此在我的家鄉這裡，這種植物也被稱為埃佛之金（Eifelgold）。

可是扁蝨真的鍾情於金雀花嗎？這種灌木全株都具有毒性，而且不僅對人類而言。沒錯，分布在它枝條、花朵以及葉子裡的成分，對草食性動物至少也都具有嚇阻的效果，所以不管是野鹿或草地上放牧的牛羊，遇到這種樹籬通常都是避之唯恐不及。因此當野生動物為數眾多，幾乎所有口感較佳的植物種類都難逃被吃掉的命運時，金雀花在競爭上卻更具優勢，可以不受干擾地擴張領地。而且它在這方面不僅所向無敵，也頑強不已。僅僅為了傳播種子，這種灌木就發展出了許多策略：它的莢果會在正午豔陽的高溫下爆開，把種子往四方彈去，且因為種子的形狀渾圓，很容易就能沿著坡面多滾幾公尺。不過，由於這些招數對金雀花來說還是不夠看，螞蟻於是成為它的目標。

是的，又是這群祕密統治著地表的小兵。牠們拉了金雀花一把，讓它能在任何地方落腳生根，即使是在森林裡。那裡的光線雖然對金雀花的種子而言太暗，不過它們有的是時間。它們有些可以在森林底部的腐植質層中待上五十多年，直到有一天，一場風暴或管理森林的人讓樹木倒下。接下來陽光會灑滿這一方土地，並輕柔地喚醒這些沉睡已久的種子。它們會很快地發芽，在頭一年就長成有半公尺高的灌木；它們身邊或許有幾棵讓人不怎麼舒服的小樹，或其他像覆盆子這樣的灌木植物，不過此時狍鹿會很樂於出「嘴」相助。牠會很快地吃光那些鮮嫩的綠葉，讓金雀花的幼苗沒有陰影遮蔽的困擾。

同一時間，狍鹿也可能會從身上卸下某種「貨物」：扁蝨。這些扁蝨都特別肥大，因為此時牠們正處於生命最後的階段，要再一次傾盡全力吸滿血，接著讓自己掉落，潛藏在附近的灌木叢中產卵，然後迎接死亡。孵化後的扁蝨幼蟲，會讓自己附著在從旁掠過的老鼠身上，繼續進行扁蝨媽媽中止了的事：吸血。牠們也會在吸滿血後，放手讓自己掉落、生長並蛻皮，然後再度饑渴地潛伏在四周的植被中，例如金雀花就是一個好目標，在那裡靜候更大型的哺乳動物（也可能是我們人類）經過。因此，只要是有許多狍鹿的地方，就會有許多扁蝨，而前者同時又扮演了協助金雀花大肆擴張領域的角色。所以扁蝨中意的不是金雀花，而是哺乳類動物。金雀花只不過同樣是草食性動物的受益者之一，而在野鹿數量過高的情況下，兩者同時集中出現在同一生存空間裡，倒也稱得上合情合理，但這並不表示扁蝨與金雀花彼此具有相互依存的關係。

雖然並非有意，但樹木會集體完成某些不可思議的事，就算這對它們的生命不具意義：每年入秋時，自然界就會上演一齣劇碼，讓人聯想到兒童遊戲區的旋轉椅，你應該還記得這款遊戲吧？在你把雙腳往外伸長時，旋轉椅會旋轉，接著把腳收起來，它會轉得更快，再把腳向外伸直，它的速度又會慢下來。樹木是否喜歡玩旋轉椅，或許值得商榷，但可以確定的是，它們每年都在重複類似的事。那就是北半球樹木的集體落葉行動，它讓地球旋轉得快一些，而白晝也因此短一點。聽起來很不可思議吧？

呃……那其實連一秒都不到，且在其他效應的覆蓋下，通常難以察覺，不過這確實是測量得到的。地球大部分的陸塊都位於北半球，因此北半球也生長了大多數的樹木。一旦它們的葉子全部掉落，它們與地心的距離大約會縮短三十公尺（這是樹頂與地面高度的差異），如此一來重心向內轉移，就具有類似我們把腳收起來時的效果。而在春天吐新葉時，情況則恰好相反，那些飽含水分的嫩葉會把重量添加到樹木頂端，或者換個角度看，讓樹木的重心離地心更遠，結果是地球自轉的速度又會稍減。說得俏皮一點，是樹木讓我們玩起了旋轉椅。不過如前所述，它的影響只有幾分之一秒的差異，且會被其他具重心推移作用的效應給覆蓋，例如海洋潮汐流，因此這個迴轉效應*的說法，也只能看做是事實與傳說摻半。

在物種多樣性這個主題上，則出現了一種類型完全不同的「傳說」：我們是真的相信，拯救個別動物或植物的措施，會對環境有益。然而，這只在極少數的例子裡成功了；特別是如果我們必須為此改造環境，還常常會波及其他物種，使其淪為犧牲品。關於這一點，請容我一一道來。

只要見識到不同物種間的相互作用，可以有多複雜多面，這個問題就會再度浮現：人類是否有真正理解環境中各種相互關係的那一天？畢竟，我們目前提到的例子雖然都只有少數個別的動物，牠們卻已經能以高度複雜的方式來影響彼此。就像雜耍特技員在剛開始時，只在空中輪流丟擲兩顆球，之後加入的每一顆球，如同相異的物種，都會使情況更加棘手，也因而更令人眼花撩亂。這些「球」的總數有多少，據目前所知，在德國境內是七萬一千五百種（包括所有的動、植物與真菌種類），在全球至今已被描述記載過的則有一百八十萬種。48

這聽起來很複雜，事實上也確實要更複雜得多，因為還有許多動、植物根本尚未被發現。我最近才剛跟一位昆蟲學家聊過，連她自己在這段期間都歸屬科學家裡的「瀕危物種」了。贊助甲蟲、飛蠅，以及這類昆蟲的研究經費太少，願意投入這個領域的新人也很有限。因此即使

——譯註——

＊　迴轉效應（Pirouetteneffekt）是一種物理現象，意指當自行轉動的物體將本身質量往旋轉軸心拉近時，旋轉速度會因此變快。日常生活中可見的範例是花式溜冰運動的迴旋動作，這也是此效應名稱的由來。

在德國境內，在那張已發現物種的地圖上，都還留有相當的空白。這裡已知的七萬一千五百種同臺演出者，其實還要再加上一定數量的未知物種，而它／牠們在這個生態系統裡的作用，當然也同樣未知。因此，我們根本無法「整體」地理解自然界，這點毋庸置疑——而且我認為這根本也不必要。

從前面幾章呈現的例子裡，我們清楚認識到這個系統有多麼脆弱，以及一旦缺少某一物種可能導致的後果。在這種體認下，我們所必須致力的，是盡可能保存更多完好無損的環境，或讓它再度自然發展。然而，什麼是「完好無損」？在這方面我們又該相信誰？林務機關和林主皆宣稱，經濟林對物種多樣性是有益的。根據德國第三次聯邦森林總清查的調查結果，目前所有樹木的平均樹齡是七十七歲——哇，真是太棒了！在主管機關德國聯邦食品及農業部發行的文宣裡，同樣也歌頌著老樹在生態上的重要性，並發出這裡一切都安好的信號。[49]如果有辦法的話，樹液食蚜蠅（*Brachyopa silviae*）肯定也會跳出來反駁這樣的說法。這種身型迷你的食蚜蠅，才剛在二〇〇五年首次被發現，而且至今全球也不過被發現過六次，要視為極端罕見牠完全夠格。而這是有原因的。

即使長著翅膀，這種食蚜蠅顯然也不愛出門，牠最喜歡待在原始老林地中，那裡對牠來說就和家一樣舒適。牠會找出樹皮下有傷口的地方，此處滲出的樹液，就是牠最愛的食物，或者至少是構成牠最愛的食物的基礎。因為樹液是細菌及其他微生物的重要食物來源，它們會讓樹液變成黏稠一團，而這正對樹液食蚜蠅的胃口。不過，會滲出樹液的部位，只會出現在「至少」一百二十歲的老樹身上。而且，當然愈老愈好。可是如果在官方文宣裡，已經滿足於七十七歲的平均樹齡，我們就必須為這種食蚜蠅的前景感到憂懼。

不過如同法蘭克・奇歐克（Frank Dziock）博士所言，樹液食蚜蠅的發現純屬巧合。[50]奇歐克在幾個淹水地區設置了昆蟲陷阱，目的是捕捉食蚜蠅，以了解牠們如何因應洪水。一開始他以為自己在陷阱中捕獲的並沒有什麼特別，直到其中一隻食蚜蠅背上的兩個小斑點引起了他的注意——沒有其他已知的食蚜蠅有這樣的斑點，因此這必定是一種尚未被發現的種類。

而這種食蚜蠅現在所需要的，正是帶有傷口的老樹。但現代經濟林的疏林策略，卻嚴重威脅這些受損個體的生存，因為它們通常是被優先砍伐的對象。如果目標是為了日後有高經濟價值的鋸木可採伐，從長遠來看，當然只有優良的山毛櫸樹與橡樹才可以長壯變老。因此，食蚜蠅不幸變成了倒霉鬼，沒有人會顧慮牠的需求。雖然某些地方會以自然保育為目標，留下一些老樹，但是當周遭所有其他的樹都被砍光，最後的摩希根人*也沒辦法活到多老。因為現在日照會讓四周地面變暖，而它們不再能享有那種濕涼的典型森林氣候；再加上樹木根部與真菌結合成的網路遭到摧毀，而那原本可以為衰老病弱的樹木提供協助。這個網路對於森林的健康來說極為關鍵，值得我們再一次細細檢視。

在《樹的祕密生命》一書中我已經這樣描述過：所謂的Wood Wide Web，就是森林裡的網際網路（一如《自然期刊》〔*Nature*〕對它很中肯的稱呼）。這個網路是由真菌所組成，它們的菌絲穿透土壤而生長，並也因此把樹木與其他植物串連起來。真菌本身相當奇特，既不算植物、也不算動物，雖然以其無法進行光合作用，必須從其他生物身上獲得養分這一點來說，真菌更接近動物。它的細胞壁與昆蟲一樣含有甲殼素，而且有幾種真菌，例如黏菌（Schleimpilz），甚至還能移動。然而，並非所有的真菌都是友善的，像蜜環菌（Hallimasche）就會攻擊樹木，以取得糖分及樹皮中的某些美味。在這個過程中，它經常會殺死自己的犧牲品，之後它會撤退到地底下，繼續尋找下一個目標。不過，樹木對真菌及昆蟲的攻擊，也並非是手無寸鐵、任人宰割，它們還能仰賴其他伙伴的示警。那可能是樹木散發出的氣味信號，告知同伴要應付哪種惡棍。如此一來，它們便能在樹皮裡備好具針對性的防禦物質，以破壞那些饑餓昆蟲或哺乳動物的胃口。

打亂計畫的往往是風，因為風只能將這種警告信號往一個方向傳送，所以樹木必須備有一種即使逆風也行得通的溝通方式，而此重責大任便落到樹根身上。它們與其他同伴的根系相互連結，並以化學及電子信號的方式，將重要的新消息繼續傳送下去。不過，這個由根系構成的網路也並非無所不及，有時老林地裡一位巨人的殞落，就會使網路斷線。

而能夠填補這些空白、並為樹木搭起橋梁者，就是真菌。一如人類網路的光纖線路，它們透過地底下的菌絲，把訊息一棵又一棵樹地傳遞下去，於是整座森林很快便會知道自己將遭遇到什麼。不過天下沒有白吃的午餐，真菌提供這項服務的報酬，可高達山毛櫸樹、橡樹或同類

——譯註——

* 此處是以《最後的摩希根人》（*The Last of the Mohicans*）一書做為比喻。其為美國作家詹姆士．菲尼摩．庫柏（James Fenimore Cooper）於一八二六年出版的一本著名小說，曾多次被改編成電影及電視劇。故事描寫英法兩國為美洲殖民地之爭奪交戰不停，而諸多印第安原住民中一支名為摩希根族的族人，如何在長年的殖民衝突與戰爭蹂躪屠殺中凋零至僅剩一人。

樹木光合作用總產量的三分之一，其形式通常是糖分或其他碳水化合物。這完全是一種能量的掠奪，而樹木所損失的，約莫是它形成木材所需的能量（其他部分則用來形成樹皮、葉子及果實）。

要求如此高的報酬，自然也要能提供可靠的服務。真菌看似游刃有餘，但這其實一點都不簡單，因為這個森林資訊網總會遭受猛烈的干擾。像冬天時野豬為了尋找山毛櫸果、橡果或老鼠的巢穴，會在森林四處遊蕩，並把土壤翻攪得很深，這免不了會毀掉幾平方公尺範圍內的菌絲線路。不過對真菌來說，這沒麼大不了，因為為了安全起見，它們通常會「架設」許多並行的線路，所以此時只要直接轉換到相鄰線路即可。附帶一提，也因此當我們在秋天採集美味牛肝菌（Steinpilz）、褐絨蓋牛肝菌或雞油菌這些野菇時，不管是用手扭斷或是用小刀來割，其實都沒有什麼差別（這個問題在自然愛好者間爭論已久），因為它所造成的傷害，在地底下都會很快地被修復。

除了能把訊息及糖分不斷在樹木間傳遞下去，真菌還能提供某些其他的服務。舉例來說，樹根其實很難開發土壤中的養分，當它們想吸收磷酸鹽之類的化合物，周遭幾公釐範圍內的這些物質，通常很快就會告罄。幸好那些柔軟的鬚根有真菌的菌絲團包覆著，而這些菌絲團又連接到一個龐大的網路。藉由這種方式，所有它們想要的養分，也都能從較遠處的土壤裡被遞送到府。

真菌的壽命可以很長，不過就像所有的生命一樣，它們的一生也是始於渺小：從孢子當起。這樣的小孢子卻面臨了一個大問題：當它從蕈蓋下倒栽蔥滾下時，會直接落在蕈蓋下，而那裡已被親株所佔領。要以這種方式繁殖是不可能的，單單一個蕈蓋就可以釋放出幾十億顆這樣的小顆粒，而它們其實都想要遠行——這在通常平靜無風的森林地面，確實是個問題。此時真菌的特殊結構，就發揮了作用。

真菌的子實體，大多由蕈柄以及其頭部頂著的蕈蓋組成。而加州大學洛杉磯分校（UCLA）的生物數學家馬庫斯．羅珀（Marcus Roper）則發現，這樣的結構具有更深的意義：蕈蓋開口向下是為了防雨，避免孢子因受潮而黏在一起。當孢子從蕈蓋下飄落時，蕈蓋本身蒸發的水分會使周遭的空氣稍微冷卻，這股受冷變重的空氣會沉降，且順著蕈蓋邊緣向下流動，帶走飄落的孢子，並再度在周遭的空氣中變暖，緊接著變暖的空氣與孢子又會從蕈蓋側面上升，至少可以升到高過蕈頂十公分處。[51] 假若此刻又有一陣微風輕推這些超羽量級乘客一把，那些牛肝菌等蕈類傳宗接代的大事，就有了保障。

如果一顆小小的孢子，因此幸運地掉落在一處尚未被佔有的森林地面上，它會在那裡萌發出形如細絲的鬚狀物（即菌絲），並等待植物的根發出信號。如果從四周得不到任何化學邀請信號，孢子便會把菌絲再收回來，它身上儲存的能量，還足以讓它這樣多次嘗試。[52]而一旦連絡上所期待的樹，比方說山毛櫸，它便能展開自己漫長的人生——那真的可以很漫長。因為在長壽這個本事上，真菌可一點都不比樹木遜色。在北美的土地裡，有著非常老的蜜環菌種緊密交織的菌絲網，其中至今的紀錄保持者是一棵奧氏蜜環菌（*Armillaria ostoyae*），它不僅已高齡兩千四百歲，還讓自己擴大遍及將近九平方公里。[53]

然而，長久以來，真菌的世界都尚未被全面研究，在自然界裡，我們每一步腳印下的土地，也都還潛藏著無數的祕密。不過其實在樹身裡，也有一些生存條件極其獨特的生命在活躍著。這裡指的不是樹皮甲蟲，因為牠在食物偏好這點上相當容易滿足。基本上牠對樹木只有一個要求：體弱氣虛，毫無抵抗力。一旦遇上這樣的樹，接下來該做的就只是狠狠地往上咬，而且是咬在樹皮以及形成層上。也因為這種先決條件，在任一種樹的分布區內都有（所以樹皮甲蟲的分布與其偏愛的樹種一致），這類昆蟲裡幾乎不存在瀕危物種。相反地，那些品味獨特的「專家」就完全不同了，幾乎可以用吹毛求疵來形容牠們的需求，而且這麼說或許都還稍嫌保留，關於這點，身上稍帶光澤的黃粉蟲（Mehlkäfer）可以做證。牠必須在許多許多……條件都具備的情況下，日子才會過得順心如意。

首先，要有一座老山毛櫸森林，裡面要住一對黑啄木鳥。這小倆口需要好幾平方公里大的空間，好讓牠們在裡面打造自己開闊的居住環境。不過這件事牠們並不趕時間，因為關鍵在於木頭的硬度。與其他同類相反，黑啄木鳥找來修築巢穴的樹木大多是健康的，牠們不想住在爛木頭蓋起來的房子裡。然而，即使是對啄木鳥來說，健康的山毛櫸樹仍然非常硬。啄木鳥的腦骨穩固地包覆著腦部，使它在嘴喙「噠噠噠」地連續敲擊木頭之際，不致於像人類的思考器官那樣來回晃動。不過牠之所以能免於腦震盪的危險，還因為牠的嘴有一個特殊的懸吊構造，能減輕並緩和傳送到頭骨的撞擊力。即使如此，新鮮的木材還是太硬，還好啄木鳥耐心十足。牠會展開工程，第一步先鑿出一個深及外側年輪的入口，然後牠會對這個工地棄而不顧，有時候長達好幾年。

這段期間真菌會接管工地，其實它們早在破土典禮挖下第一鏟、也就是啄木鳥第一啄的十分鐘後就已經就定位。每一立方公尺的空氣中都有多不勝數的孢子，而它們會立即攻佔樹木的傷口。新的真菌菌株會在這裡長成，它們會蠶食木材將其加以分解破壞；而木材的質地會因此變軟且腐朽易碎，於是這對黑啄木鳥在等待多年之後終於又可以復工，而且不用擔心頭疼。一旦樹洞完成，牠們傳宗接代的大事便宣告開始。不過也不是每次都可以這麼順利，因為經常有其他鳥對這個新窩也覬覦不已，然後厚臉皮地硬是要住進來。比較膽怯的歐鴿在黑啄木鳥幾次強硬的警告之後，通常就會打退堂鼓；寒鴉卻通常十分頑強，堅決不讓出樹洞，於是黑啄木鳥的整個計畫只得從頭再來。幸好因為黑啄木鳥的公鳥與母鳥喜歡分房而眠，因此多半有不只一間新房在等待牠們。

幾十年的時間過去，這些樹洞繼續慢慢地腐朽，它們的洞底會因此下陷變深。然而，到了黑啄木鳥的雛鳥離巢的那一天，牠會因為洞太深，根本沒辦法攀上洞口起飛。所以，現在那行事低調的歐鴿又可以採取行動了，牠們會直接搬來一些築巢的材料（黑啄木鳥似乎完全沒想到這一招），把洞底再度填高。樹洞在繼續腐朽，而洞口也是，它的直徑會擴大到有一天連貓頭鷹也鑽得進來。貓頭鷹也是這個現在已經變得非常大的樹洞的愛用者，牠們會一待就是許多年。一些小黃頸鼠也會讓自己在這個乾爽且溫暖的樹洞裡過得舒舒服服，之後牠們會在這裡留下食物殘餘與皮膚碎屑。

而此刻，該是我們吹毛求疵的挑剔鬼上場的時候了。黃粉蟲這個時候，真的是直到這個時候，在所有的舊房客依前述次序一一搬進又搬出之後，才會在這裡過得舒適又愜意。而且這決定於牠非常特殊的「口味」。牠們不管是成蟲或幼蟲，都熱愛一種大雜燴：混合了真菌分解後呈易碎或粉末狀的爛木頭、昆蟲肢體殘餘、鳥羽碎塊、皮膚碎屑，以及每任樹洞房客從上面散落到洞底、一些亂七八糟的碎屑——請慢用！[54]聽了那麼多，對於牠與類似的物種在此同時已瀕臨絕種，還有人會感到驚訝嗎？以前述方式在好幾十年的時間裡慢慢自行腐爛的樹木，在經濟林裡並不特別待見。它們經常在啄木鳥造成損害的徵象一出現，也就是在木材的價值因內部腐朽而減低之前，就已經被砍伐並賣掉。雖然為了表示對「物種保護」至少有些作為，某些地方還保留了個別的樹，但是如此孤單寂寞的摩希根人並沒有多大的用處，因為要確保這種超難搞的生命共同體能存續，需要大量這類的樹洞。

所以黃粉蟲這種甲蟲的命運跟食蚜蠅沒什麼兩樣，如果真的想保有這些或其他物種，唯一的手段是：不再以零星保護個別樹木的形式，來執行拯救計畫，且要讓大面積的森林，完全從商業性林業經營中除役。所謂符合常態的林業經營，能完美結合經濟管理與自然保育的看法，則完全可以被歸入童話與傳說。

正如樹木並非毫無防備地任樹皮甲蟲攻擊，對於各種鬧騰的氣候異常現象，它也不見得就逆來順受。這不只是因為它們能夠耐受驚人的氣溫波動，而是它們甚至有辦法主動介入天氣的演變。下一章我們就能見識到它們的能耐。

森林與氣候

樹木的能耐，當然不只是在形成一些雲朵，而是能製造出一場結實有力的雷雨。

樹木對氣候的波動並不是毫無防備地任其宰割，至少在它們群策群力且集結成大片森林時並非如此。它們遇到這種狀況時，不僅能在一定程度上自行調整森林裡的濕度與溫度，還能對一些大空間尺度的要素產生影響。有個跨國研究團隊調查了歐洲林業經營所導致的森林變化，在其最近發布的研究報告中，對此議題提出了頗具啟發性的思考方向。[55]而此處我們所著眼的，是過去闊葉林到今日針葉栽培林的變遷。

這個以馬克斯・普朗克氣象研究院（Max-Planck-Institut für Meteorologie）金・諾德特（Kim Naudts）為首的團隊，特別關注樹木反射光線的能力。例如比起闊葉樹，針葉樹的樹葉顏色較深，如此才能用它深綠色的樹冠吸收更多陽光，並將其轉化為紅外線。曾經一度在我們所處的緯度帶最具優勢的老山毛櫸森林，在炎炎夏日，最多可從每平方公里的林地上蒸發掉二千立方公尺的水分，因此也能讓森林持續冷卻。針葉樹在用水上比較儉省，因此會讓空氣較為乾燥暖和，而針葉樹這種管理水的方式，同時也強化了深色針葉的效應。

不過，林業經營對氣候變遷的影響一點都不該變成本章的焦點，我更想探討的問題，是針葉樹的這種效應會不會不只是一種巧合。因為不管是否牽涉到林業經營，我們森林裡的那些針葉樹都不是人工育種的產物，它們一直都還是野生種，跟其原生於寒帶地區的同類一樣。

而或許這種效應的好處，就是在那裡才能發揮，因為泰加林（Taiga）*地區的夏天很短，經常不到幾個星期長。這讓一棵樹幾乎沒有時間生長，更別提要傳宗接代、形成毬果。所以這個森林生態系統讓四周的空氣變暖，就是為了要在溫暖的生長季裡，為自己多爭取雖然有限但卻很關鍵的幾天時間，情況會不會就是如此呢？這聽起來滿合理的，只不過目前還純屬推測。

另一個透露出雲杉和松樹是如何急需每一個暖日的證明，是它們度冬的策略。與闊葉樹相反，這些樹種此時保留了自己枝椏上尖細的針葉，以便需要時能立即活躍起來。在德國所處的緯度帶，這絕對有可能發生在二月底到三月初之間，而此時的山毛櫸樹與橡樹，根本都還沉睡在冬眠中。一旦陽光使空氣（以及那深綠色的樹冠）變暖，雲杉和松樹便會立即啟動糖的生產機制。

這聽起來很有道理，而且每年冬末在陽光普照的日子裡，也每每都能觀察到此現象；可是它只呈現出一半的事實，因為針葉樹的另一種本事，似乎正好與上面所描繪的過程相悖。在那一望無際的泰加森林區上空，能測量到「萜烯」（Terpene）這種特別的物質；它由雲杉和松樹蒸散而出，當我們穿越這種森林時，那芳香濃郁的氣味便會撲鼻而來，而且陽光愈熾烈，這個氣味就愈濃。

而且這種關係可能並非完全是意外。研究人員發現，空氣中的水滴會凝結在這些針葉樹釋放出來的分子之上。大氣中的雲並非說形成就形成，H_2O的分子雖然能相互碰撞，卻不會彼此結合，而是會再度分離。在這種情況下，下雨基本上會變成不可能的事，因為至少必須有一大群水分子黏結在一起，才有機會變得太重，然後以雨滴的形式墜落下來。

而這樣的一團分子，只有在空氣中飄浮著可以讓水分子附著的微粒時，才有辦法形成。自然界中存在著許多這樣的微粒，譬如火山噴出的灰燼、來自沙漠的塵埃、海水結晶成的微小鹽

——譯註——

＊ 以松柏為主的北方針森林，主要分布於阿拉斯加、加拿大、北歐與西伯利亞。

粒，然而佔比最多的，是植物不斷吐出的粒子。這裡我們的針葉樹再度扮演了重要的角色：它們向空中釋放出巨量的萜烯，而且天氣愈熱，就釋放得愈多。若不是因為增添了另一種由來自太空的最小微粒所構成的奇怪輻射，萜烯不過就是種聞起來帶著香氣的東西。這種輻射劈頭蓋面地不斷射向、甚至穿透我們的身體（包括此刻正在翻閱這本書的你），使萜烯把樹木蒸散出的水氣聚合在一起的能力，增強為原本的十到一百倍。而水氣也必須在這種情況下，才會非常容易凝結。[56]因此分布在西伯利亞與加拿大的那些遼闊無邊的針葉林，能夠藉此自己召喚，也就是製造雨水。

即使僅僅是形成雲層、但沒有下雨，都已經算賺到了好處。高空中的雲層使空氣明顯變涼，因此也減少了地面水分的蒸發率。而樹木的能耐，當然不只是在形成一些雲朵，而是能製造出一場結實有力的雷雨，有如中了樂透一般。因為即使在規模較小的雷雨雲中，都能輕而易舉地攜帶五億公升之多的水。[57]

說到這裡，我們顯然遇到了難題：針葉樹一方面會把它深綠色樹冠上的空氣加溫，以讓自己春天時能儘快就定位啟動；另一方面，它卻又會透過製造雲層，讓空氣再度冷卻下來。難道這一切都純屬巧合，僅依大自然的心情而定嗎？而我所尋找的「相互關係」，說不定根本就不存在？

要解釋這點，或許檢視一下這兩種現象所發生的季節，會有所助益。初春開始回升的溫度，雖然使雲杉和松樹得以提早啟動，但此時的氣溫其實還不高；然而，多虧顏色較深的針葉，日照不僅能讓空氣稍微溫暖一些，也會直接幫樹木的組織熱身，使它們能比闊葉樹明顯更早地活躍起來，後者還得有點費事地先長出新葉子。而這裡的「稍微溫暖一些」，是真的只有「稍微」；只要氣溫能來到攝氏零下四度，就足以讓雲杉啟動製造糖分的機制，而此時它幾乎不會蒸散出萜烯。

立刻再撐開一張由水幕構成的巨大陽傘，只會弄巧成拙。因為即使樹木在氣溫回升至攝氏五度以前能進行新陳代謝，此時樹幹的生長機制其實尚未啟動，換句話說，差不多還是在原地踏步的狀態。它的生產要真正全速上線，要等到氣溫高於十度——現在把陽光的能量轉換為糖分、形成新的木材，以及讓枝椏長壯變長，全都會同時進行。因此，只有在夏季天氣真正炎熱時，冷卻作用才具有意義。超過攝氏四十度的高溫，對針葉樹會造成嚴重損害。[58]

你是否認為，西伯利亞不會這麼熱？與具有調節氣溫作用的海洋距離太遠，是這裡冬季嚴寒的主因。藉著把掠過海面的風加溫或冷卻，海洋在冬天的作用像暖氣，在夏天則像冷氣。然而，這種效應在內陸深處幾乎不存在，因此那裡不論冬夏，都會出現最極端的氣溫。所以也只有這樣才合理，就是分布在這些區域裡的針葉樹，不但發展出一種加溫效應，也備有一套冷卻系統，而後者同時也因應了這裡稀少的降雨量。

要是仔細看過泰加林的照片，或者曾經親身到過那裡，就會注意到在它的森林地景中，並不只有雲杉和松樹。沒錯，闊葉樹在這裡同樣有眾多代表，而其中最特別者莫過於樺樹。如果說雲杉在應付相當惡劣的氣候環境上成就非凡，那樺樹應該是相對地糟糕。它蒸散出的有機物質要少得多，春天時凍僵的小枝幹也沒有深綠色葉子來幫助取暖——於是，它在春天的啟動進度要比針葉樹晚上好幾拍。除此之外，每年春天它都還要重新長出所有的葉子，這又會它耗掉額外的氣力。

那它的優勢在那裡呢？好吧，仔細說來它甚至有兩項優勢。第一項與乾燥有關：闊葉樹在冬天損失的水分比針葉樹少，因為此時它沒有葉子，即使在少數較溫暖的日子裡也沒有什麼可蒸發。第二項則關乎傳宗接代：樺樹、楊樹及柳樹的種子能夠飛得更遠，能夠在森林火災後迅速到位，成為建立新森林的先驅者。不過這種森林愈老，就會有愈多的雲杉與松樹再度勝出，於是森林會愈來愈暗，而喜歡光線明亮的闊葉樹會再度消失。

每一種樹都有它在氣候上的生態棲位（Ökologische Nische）*，而儘管歐洲的氣溫相對溫和，某些氣候特徵卻還是有本事讓這些植物巨人的日子很不好過。這裡的氣候類型屬於Cfb，這個隱晦難解的縮寫**，代表著有溫暖的夏天且全年溫和濕潤偏暖的氣候類型。溫和、濕潤、暖和，這三個形容詞聽起來是挺好的，但重點在於，我們這裡也有極端案例：高於三十五度的熱浪、低於零下十五度的寒潮，全都會為中歐的本土樹種帶來大麻煩。當氣溫低於零下五度時，樹木會讓自己迅速（以樹木的速度而言）縮起身來，也就是它的樹幹直徑會縮小。這並不是它的木質組織收縮了，因為木質組織收縮純粹是機械式操作，對減少樹圍作用極為有

譯註

* 又稱生態區位或生態龕位。凡是在某種生物所屬的生態系中有利於它生存的特定環境因素組合，都可以稱為生態棲位。「特定環境因素」是指每種生物都有最適合它生存與發展的條件，例如：棲息地、食物來源、活動空間、成長繁殖方式、覓食地點等。

** 此分類法為最被廣泛使用的柯本氣候分類，一九一八年由德國氣候學家柯本（Wladimir Peter Köppen）發展而出並在其後修訂完成。Cfb 代表的便是溫帶海洋性氣候。

限。然而，樹圍卻還是縮小了一公分之多，顯然這裡發生了水分往內部移動的作用，而這是一種在天氣變暖時能再度逆轉的過程。[59]這點說明了，樹木在冬眠期間，也不是全然無所作為。

即使是公認擅長應付極端狀況的橡樹，在面對嚴峻的霜凍天時，也幾乎無計可施。只有在成長過程中樹幹不曾受過傷的橡樹，木材才會構造均勻、毫無缺陷，也才能承受得住這種嚴寒的挑戰。如果過去曾有饑餓的紅鹿撕咬過它的樹皮，或曾有拖拉機的輪胎刮傷過它的樹幹底部，這棵橡樹就必須努力癒合創傷，長出新樹皮來覆蓋傷口。而如今，它也開始有了麻煩。

通常樹幹內部的木質纖維結構，是均勻地上下垂直排列，這樣樹幹內部才不會出現張力，如果有陣狂風將樹木吹得稍微傾向一邊，它便可以很有彈性地前後晃動。然而，受傷的樹有更緊要的事要做，起碼得先看看自己的患部。因為新生的樹皮若要完全覆蓋暴露的木質組織，形成層自然也得發揮作用：這個如玻璃般透明的生長層，會向外分裂出新的樹皮細胞，向內則是木質細胞。一棵樹的樹圍便是如此逐年增加，也才能穩穩撐住愈長愈大的樹冠。

不過那美好的秩序，在這受傷的部位被破壞了。新樹皮下方會長出粗厚的樹瘤——之所以會粗厚，是因為樹木急著要癒合傷口。只要稍有磋跎，真菌與害蟲的勝算就會提高，便能隨心所欲地侵襲樹幹內部；因此在這團混亂中，樹木對長出整齊勻稱的纖維這回事也無暇顧及，而這在開始之初其實也並不重要。幾年之後（是的，樹的動作真的很慢），任務終於達成：傷口癒合了，即便身上一輩子都會留下一道粗厚的疤，指控著野鹿或拖拉機曾經對它造成的傷害。然而，結束了並不代表沒事了，總有一天嚴酷的寒霜會降臨，那濕潤的邊材會凍結得像石頭一樣硬，裡頭的冰晶則會讓樹幹瀕臨爆裂邊緣。

接下來的情況，會依樹幹內部是否出現額外的張力而定，而正是這點，對我們的老傷兵非常不妙。它的舊傷在復原時製造出混亂的纖維組織，而凍結時這會對四周產生強度不同的壓力。於是在冬季霜凍晴朗的夜晚，有時候會有槍枝射擊般的聲響迴盪在森林裡，這並不是出自執行本業的獵人，而是前述的橡樹。它的組織在曾經受傷的部位失能且猛然爆裂，以致於好幾公里之外，都聽得到這聲響。在行話中，這種現象被稱為「凍裂」（Frostrisse）。

在異常炎熱的夏天裡，則會出現其他問題。樹木通常有辦法自行調節微氣候（Kleinklima）*——它們會集體「流汗」，也就是前述它們在大熱天裡可觀的耗水量。這會使周遭的空氣濕度提高，並因此冷卻好幾度，樹木才能得到自己的舒適溫度。不過，如果乾燥的天氣持續數月之久，蓄積在土壤裡的水也終會耗盡。第一批遭遇乾渴襲擊的個體，會透過森林資訊網傳出警訊，提醒所有其他同伴最好開始節約用水。

假如天氣持續乾燥，頂上的豔陽也繼續燃燒，唯一有用的策略就是緊急落葉。或許最初只有部分葉片會轉變成黃棕色掉落，樹木可以藉此減少一些蒸發面積，不過它的糖分產量當然也會因此劇降。用挨餓來換取口渴，這是兩害相權取其輕。

不過，即使之後久旱再逢甘霖，盛夏到晚夏這段期間的樹木，也不可能再長出新葉——這在六月底前才行得通。其後果是它所儲備的能量，會在來年春天萌發新葉時全數耗盡，而假若此時有病蟲害來襲，樹木會幾乎無力招架。尤其在現代林業經營中，常使用重機將森林土壤壓密，更讓風險加倍——在此之後，樹木所能蓄積的水會很有限，因為土壤中的孔隙空間在幾噸重量的重壓下崩塌變小。所以樹木的地下水箱在採伐林材時被輾平幾分，炎夏缺水乾渴的現象也就愈發明顯。而讓問題雪上加霜的，還有溫室效應。

不過，因當前的溫室效應而「熱哄哄」的，不只有大氣，還有情緒。對某些人來說，這是人類、甚至是整個世界的終了；對另一些人來說，這充其量只是一種讓地球溫度有所波動的自然現象。後者已是個眾所周知的事實：人人都聽過冰河期與間冰期，這兩者總是以巨大的時間間隔輪番出現。雖然我認為人類活動造成氣候變遷是事實，而且也已影響至深，卻還是想先探討一下持反對意見者的主張。而關於這點，就讓我們來檢視一下二氧化碳的自然循環機制，並且是以相應的長時間為尺度。

在距今約五億年前的寒武紀時期，已有脊椎動物，牠們是與人類關係非常遙遠的遠親，當時牠們所必須接受的二氧化碳濃度，在今日聽來根本就像天方夜譚：相對於人類今天已讓這個數值由二百八十 ppm（百萬分之一）升到四百 ppm 以上，它在寒武紀時期還比四千 ppm 高。二氧化碳的濃度在那之後曾一路下降，直到二億五千萬年前，才又劇烈攀升至約二千 ppm。那麼，當時的地球，難道不曾遭受熱衰竭之苦嗎？

如果我們看到許多科學家對未來所做出的預測，例如二氧化碳濃度只要比工業化前的數值

——譯註——

* 一種小尺度空間內與周邊環境氣候有異的現象。最典型的微氣候是水體邊的氣候會較溫和濕潤，以及大城市裡因大量人為建築，氣溫會較其週邊高。

高出幾百 ppm 就會如何又如何，會覺得那若以過去的數值來說，基本上不就沒有任何生物能活命了。當然有，否則今天就不會有人類的存在。關鍵在於這種變化發生的速度，它決定了物種能否適應，也決定這種氣候變遷是福還是禍。

而這種變化的速度原則上是緩慢的。原因之一與促使大陸漂移的板塊構造運動有關，當地表的陸塊快速移動，且就像非洲板塊一樣往歐亞板塊底下推移，碰撞地帶就會擠壓出山脈。山脈聳立得愈高，岩石風化的速度就愈快——在阿爾卑斯山區，我們可以從分布在山腳或山坡下的大型落石堆清楚觀察到這點。這些物質會以砂石及塵土的形態被水搬運走，且會在日後再度堆積，這其中也包括二氧化碳，因為它還被封存在那些堆積物質之中。

反之，在構造活動較不活躍的時期，新的破碎岩石風化物也會相應變少；而此刻便是火山發揮作用的時候，它們吐出熔化的岩石，憑藉熾熱的高溫將裡頭的二氧化碳再度釋放出來。於是乎，在構造運動平靜的期間，釋放到地表的二氧化碳量，會多於風化物質再度封存起來的量。而要是地表的構造運動很活躍，就會得到相反的結果。

聽起來很複雜嗎？我也有同感，然而這個巨大的循環機制，對於理解整體非常重要。要是沒有火山活動將二氧化碳從岩石中重新釋放回大氣的作用，便會冒出另一個全然不同的問題：

我們的二氧化碳會完全耗盡，而這足以致命。氧氣之所以會成為人類的救命仙丹，也只是因為我們需要它來幫忙燃燒身體細胞裡的碳化合物。少了碳，就算能大口呼吸也無濟於事，而這種碳，仰賴植物從大氣中將其捕捉，並將之以糖及澱粉的形式儲存起來。因此，我們也必須密切關注二氧化碳不至於告罄。

然而，從長遠來看，情勢卻似乎正如此發展。因為撇開其中的波動不看，幾億年來地表的二氧化碳濃度是在持續下降的；而且如果地表愈趨暖化，這個過程就會進行得愈快——暖化會加速侵蝕與風化作用，因而也會加速二氧化碳與微小風化物質結合的作用。

到了這裡，關鍵詞是「幾億年」：沒錯，二氧化碳的濃度「會」，而且長期來說可能也「將」持續下降，但並不會完全耗盡，因為地表一直都有火山活動。況且生命也會自尋出路，會自我調整以適應降低中的二氧化碳濃度，而這在目前也正進行著。影響更大的，是那種讓微妙的均衡狀態失衡的短期變化。這種事件在地球過去的歷史中不斷發生，而且每每造成大批物種驟然滅絕。當前的我們緊盯著二氧化碳的數值，就像兔子提防著蛇一樣，然而我們最該擔憂的，其實更應是它變化的速度。只要大自然本身還有辦法調適，氣溫高一些基本上不是什麼糟糕的事。

對樹木來說，這個問題尤其明顯。以群體的形式遷徙非常緩慢，也就是說，憑藉風或鳥來運送種子，無法一口氣在幾年內就往北方移動個幾百公里。一顆被松鴉帶走的山毛櫸樹種子，必須先經歷漫長地發芽、成長階段，才能終於在某個時候長成大樹，並孕育出自己的下一代。所以這一路向北的旅程，會不停地因為這樣的百年停歇期而中斷。它們移動的速度，因此也落在每年平均四百公尺左右；以這個速度，樹木往北方遷徙的整個應變行動，得持續幾千年之久。幾千年，對目前的山毛櫸樹、橡樹，以及其他樹種來說，這樣的時間太奢侈了。至於那些已經以北方為家的樹種，現在則必須觀望自己該如何應付周遭已經改變的環境條件。

就像那能蒸散出萜烯來造雲的廣闊針葉林，在氣候變遷的時代裡，顯然必須更加賣力。因為正是在高緯度地區，氣候變遷的腳步尤其更快，於是頂上的豔陽愈熾熱，雲杉和松樹就會更賣力地散出萜烯，以製造能降溫的雲層。這些森林的自救能力之強，確實令人驚異不已，當然，要樹木在短時間內，對人類造成的變化做出反應是不可能的，以這個角度觀之，它們的壽命是太長了。改變基因只能在繼起的新世代身上才可能存在，而且因為要等母樹的生命終了，並為它的子孫讓出空間，這個可能性還會依樹種而定，每幾百年，有時候甚至是幾千年後才會出現。假使在一棵樹的生命週期內，氣溫波動已並非例外、而更是常態，那樹木，或者更該說是整座森林，都得發展出一種自我平衡的策略。

樹木必須能夠在自己所處的地點和位置做出反應，不過毫無例外地，它們對此無能為力。這是真正的兩難，因為每一種樹都已經適應了某種特定的氣候，如今只有在這個環境中，才能夠欣欣向榮。相對於椰子樹需要恆常的熱帶氣溫，一旦受凍只能凋萎死去，歐洲本土的樹種也受不了缺乏冬眠的馬拉松式生長期。

好吧，所以我們其實也可以說：每一種樹都只能生長在氣候條件真正適合它的地方。只不過，因為地球具有如此豐富多樣的環境條件，所以自然也就能發展出幾萬種不同的闊葉和針葉樹種。

然而，如今這些氣候條件不斷在轉變，而且是以一種就樹木而言相當快速的方式。這樣的情況也發生在歐洲，這裡在過去幾百年裡氣溫有著明顯的波動，尤其是在被稱為「小冰期」的期間。美國科羅拉多大學波德分校（CU-Boulder）的科學家則認為，該為小冰期出現負責的，正是多座火山的噴發。

西元一二五〇年過後不久，即有四座位於赤道附近的火山爆發，它們噴發到大氣中的火山灰，很快便環繞了整個地球，並阻擋了日照。研究人員指出，這造成了氣溫下降且冰河擴張；而且因為冰的反射強化了這個效應，氣溫於是持續下降，整體來說，平均降低了二點五度。只要想像一下當前的氣候變遷，若是地表增溫兩度，可能會帶來那些後果，就知道這個變化不容小覷。一直要到一八〇〇年之後，地表才又逐漸回暖了一點。對樹木而言，這段歷史可說是精神緊繃的非常時期，因為它們必須待在原地，平心靜氣地忍受氣候的作怪胡鬧。而且若僅僅是變冷就算了，偏偏異常炎熱的夏天也常常出來湊熱鬧。[60]

這種氣溫上下劇烈震盪的現象，樹木只能透過兩種策略來因應：一是大部分的樹種都有很大的氣候耐受度，譬如從西西里島到瑞典南部都有山毛櫸樹，從拉普蘭地區（Lappland）到西班牙也都找得到樺樹。二是單一樹種內的基因「頻寬」相當大，因此在一座森林裡，總有些個體會比大多數的同伴更能應付新的環境條件。當情況不明時，也就是靠它們來繼續繁衍，並形成適應能力較好的新族群。

不過，以目前氣候變動的幅度來說，不管是山毛櫸樹的策略，或是能夠自行製造雲氣的針葉樹，都窮於應付。因此一旦天氣太熱，樹木就紛紛掛病號，很快便淪為樹皮甲蟲的犧牲品——這種小蟲子最喜歡的，就是體弱的雲杉與松樹。

所以在目前這種勢不可擋的逃離高溫行動中，前進的速度就是關鍵。這麼說來，一棵樹如果有能飛的小種子，那不就佔盡優勢了嗎？其實不見得，因為樹木在傳宗接代這件事上有個大問題：它們必須以澱粉或油脂的形式，賦與自己的胚胎，也就是種子備用能量。畢竟那些萌發中的後代，必須在最初的幾天裡長出一棵樹的雛型，即使它還無法透過光合作用來自行生產能量。它的根奮力地鑽進土壤以獲取水分與礦物質，發芽的子葉則往上伸展，樣子與自己樹種日後的典型樹冠還相差甚遠。從現在起，它才能利用陽光來把水分與二氧化碳轉化成糖；也是從現在起，這個小小的新生命才能夠獨立生存，不再依賴母樹幫它帶上路的那份備糧。而這份備糧的多寡，依樹種而異可是有天壤之別。

就讓我們從最小的，也就是柳樹與楊樹的種子談起吧。它們的種子是如此迷你，幾乎只能在一團飛揚的棉絮中勉強看到一個小黑點。它們每顆僅重零點零零零一克，帶著如此微薄的能量庫存，它的幼苗在氣力耗盡，並仰賴自己稚嫩的葉子製造營養維生之前，幾乎只能長到一、二公釐高。因此這些小傢伙能成功萌芽的地方，必定沒有任何能危及它們的競爭，因為競爭對手會製造陰影，而那些新生命會因此立刻一命嗚呼。換句話說，如果一顆乳臭未乾的小種子，不小心掉進一片雲杉林或山毛櫸林，在正式展開生命之前，這條小命就已註定終結。因此，擅長落腳在未開發處女地上的柳樹與楊樹，便被稱為先驅樹種。

而在火山噴發、土石崩塌或森林大火之後，所有植被遭全數摧毀的地方，最容易找到這樣的環境。它們的幼苗在這裡最能展現優勢，在此處沒有任何對手的它們，第一年就能向上挺高一公尺——現在即使是生命力旺盛的草本植物及禾草類，也絲毫阻擋不了它們。不過，它們當然得先找得到這樣的地方，但是這些帶著飛行棉絮的種子既沒有配備導航，更別提有操控方向的可能性，此時唯一的招數就只有人海戰術。在那多不勝數的小小飛行員中，總有一些能幸運降落在一個美好的小地方；一棵這類先驅樹種的母樹，可以釋放出兩千六百萬顆種子——每年！而要維持此一樹種的存續，其實只要每隔二十到五十年，它們之中有個小矮子能成功在某處落腳，並活到它具繁殖力的樹齡就夠了。聽起來很暴殄天物嗎？如果完全無從得知自己身處何方，卻想要到達那個理想中的夢土，身為一棵樹顯然也別無他法了。

不過，山毛櫸樹與松鴉會告訴我們，其他的辦法也行得通。例如若是想旅行到另一座森林，「航空快遞」就是個不錯的選擇。松鴉存放戰利品時，雖然很少飛得超過一公里遠，不過這對山毛櫸樹也已經足夠。它的目標並不是任一處無森林區域，而是只要能有旅行的機會，更何況在它所生長的自然環境裡，幾乎到處是森林。樹木與它的群體必須要有不斷向北或向南移動位置的能力，以便能因應那永遠在變暖或變冷當中的氣候，而它即使沒有人類「相助」，也一直在變化。

這種變化通常進行得十分緩慢，因此即使鳥類能及的範圍有限，也完全足以應付這個需要。況且對山毛櫸樹來說，這也不過是它一小部分種子的一個選擇，其他的絕大部分，應該都樂於在母樹腳邊發芽並成長。除了山毛櫸樹，包括花旗松及其他行群居生活的樹種，都很喜愛它們的家人，如果覺得這聽起來太誇張，那就該聽聽加拿大科學家蘇珊娜·西馬爾（Suzanne Simard）怎麼說。

根據她的研究發現，母樹能以根感覺出腳邊的幼樹是自己、還是別人家的孩子。只有親生的孩子，才能得到它根部結合生長的協助以及糖液的供給，這完全就是哺育；而且還不止如此，為了有益這些寄宿在家的孩子，親樹會相對退居幕後，把更多的空間、水分與營養讓給它們。

假使親子之間有著這樣的連結，一種與彼此緊密交織的強烈需求，那又何必讓風或鳥把自己的孩子送到遠方呢？這樣做沒什麼意義，也因此山毛櫸樹的種子不會飛，大多是啪噠一聲直接從枝椏掉落，跌進母樹腳邊舒適蓬鬆的落葉間。若真要快速遠遊，情況可就不是如此。

然而，如果有松鴉在儲備冬糧時，把山毛櫸樹的種子帶到一片雲杉林裡，那從中萌發的幼苗，還是可以好好地活下去。因為它能適應微弱的光線，而且耐心十足，一公釐一公釐地慢慢把頂芽往上推進，直到有天終於抵達樹冠層，便能充分享受陽光。雖然，這棵山毛櫸樹單靠自己也能開花結果，但它孤零零地離家人數百公尺遠，因此日子過得肯定沒有其他同伴那麼好。不過，它終歸完成了一項重要任務：一旦氣溫往下掉一些，它就是那座往北方前進了一點的森林的碉頭堡。

這通常是個完美的對策，然而，目前這些果實較大的樹木的動作，卻有點緩不濟急了。我們難道不該出手相助嗎？或許也可以把山毛櫸樹的種子輸出到挪威或瑞典，事先在那裡造出新的山毛櫸森林，同時也能在這裡為其他樹種讓出空間，譬如說把一些地中海地區的樹種（那些面臨相同問題的樹種）帶來德國，並且種在森林裡？

姑且先撇開瑞典與挪威南部目前都已經有山毛櫸樹這點，我並不認為上面說的是個好主意。關於氣候變遷的型態，我們知道得還太少，對一地氣候日後會如何發展也一無所知。暖化並不代表不再有寒冬，而只是讓寒冬變得更罕見。如果把那些生性喜暖的樹種引進到我們這裡來，它們還是可能會凍死在一個格外嚴寒的冬天裡。

此外，一個樹種所關係到的，還有涵蓋了數千種生命的整個生態系統，像我們的山毛櫸樹就是如此。因此我們最好一如既往，專心致力於遏制氣溫上升過劇這件事上，如此樹木以它們慢郎中似的旅行速度，就足以應付這種變遷。

不過，還有一種高溫現象，更能對樹木構成威脅。而且因為有些樹種幾乎無異於灌滿汽油的油桶，它的危險性也因此更加致命。

熱到最高點

可是森林確實在燃燒著，僅僅在歐洲，每年就有幾千平方公里的林地遭此劫難。

森林是一座大型的能量倉庫——在這裡不論是活著或死去的生物量，都含有數量驚人的碳。依森林的類型而定，每平方公里林地上所蘊藏的碳，可高達十萬噸以上，相當於三十六萬七千噸的二氧化碳（重量增加是因為碳燃燒時會結合兩個氧原子）。此外，針葉林裡的樹還包含了危險易燃物質：樹脂以及其他易燃的碳氫化合物。也難怪總是不斷有森林會起火燃燒，並引發一燒就經常是數月之久的火海。大自然在這裡出了什麼差錯嗎？為什麼演化會帶來這種等同於無蓋汽油桶的產物？

畢竟闊葉樹就向我們示範了情況也能有所不同，它在活著的狀態下，對火是絕對免疫的，這點你自己可以輕易地測試出來（不過請只在一根綠枝條上實驗）。事實是：不管用打火機點多久，這根枝條都不會燒起來。雲杉、松樹及其他同類的樹則截然不同，即使在活著的狀態也都是易燃的。為什麼呢？

在森林生態學家之中流行著一種說法：在緯度較高的北方，也就是大部分針葉樹的故鄉，火災是一種自然的更新過程，甚至有益於物種多樣性。舉著「林火創造物種多樣性」的大旗，在德國的國家林業行政暨學術研究機構的聯合入口網站（waldwissen.net）上還刊登了一篇歌頌林火的文章。61

基於好幾個理由，我認為這種主張實在有點詭異，而其中之一就是「物種多樣性」這個用詞。因為，如果真要針對這個主題進行計量式論述，至少得先知道我們的森林裡到底有多少物種；然而，即使在相對算是研究得比較深入的中歐地區，至今都還有許多生物尚未被發現。就連已經發現的物種，也常因棲息環境沒有被充分研究，根本也沒人知道牠／它會出現在何處。而所謂的「發現」，充其量不過代表著牠／它曾在某地被目擊、並加以描述。

一種在我宿舍後方那片森林裡被研究者發現的小型甲蟲，只在萊茵－法爾茲邦境內的另外兩個地方被看到過，而且時間還得回溯到一九五〇年代。所以這算是極罕見的物種嗎？我們無從得知，因為就跟許多學科領域一樣，沒有經費就無法進一步研究調查。不過可以確定的是，出現在我家後面森林裡的這種象鼻蟲，必須仰賴長期不變的環境條件才能生存。而且因為老林地裡的這些條件歷經數百年，或甚至是幾千年都很少有重大變動，所以這些小傢伙喪失了飛行能力。畢竟樂園就近在咫尺，牠們又何必浪跡天涯？

因此，這種昆蟲族群在漫長的歲月裡，始終如一地定居一處，也就完全不足為奇。牠們的出現於是也被視為一種指標，表示此處的森林，處於長久相對未受干擾的自然狀態。而一場森林火災，將導致這個系統完全失衡，而且它所波及的面積還可能相當廣大。那些體型迷你的森林住民該往哪裡逃，尤其是：能逃多快？以象鼻蟲走路的速度，勢必逃不過猛烈火苗的追擊，而牠們又早已無法飛行。沒錯，對我而言，這一切都指出了一個事實：大多數森林在自然屬性上對火災很陌生。

不過，森林火災在本質上卻到處被視為自然現象，而讓我覺得這件事很怪異的，還有其他的原因：人類自好幾十萬年以來就懂得用火，根據對「人」的定義不同，這時間甚至還可以往前推得更長遠。例如：若把我們遠古的祖先——如直立人（*Homo erectus*）——也算進去，火早在一百萬年前左右，就已經出現在我們先人的生活中。這點是由在南非進行研究的學者所證實，他們在一個名為奇蹟洞（Wonderwerk-Höhle）的岩洞，發現了當時人類以樹枝及草升火烹煮的明顯痕跡。[62]另外，對直立人牙齒的檢驗分析，也讓人得出以下的推測：人類開始用火的歷史，甚至有可能是原先所認定的兩倍長；[63]而且因為開始喜歡熱食，現代人才能發展出容量如此之大的腦。因為熟食不僅熱量較豐富，也較容易咀嚼且較好消化，難怪從此之後，火與人類不可分離。

因此火災早就不必然是種自然現象，它在我們祖先初露曙光的文明中，是任何生活場域都會出現的首要效應。那我們該如何區分一場火的成因究竟是自然，還是人為？就我的理解，只要一地同時存在著人類與樹木，從那時候起就再也分不清了。我們今天怎麼有辦法，從充滿焦炭的堆積層裡，確認出森林大火的起因是一道閃電，或者是一名用火的穴居人？所以過去經常出現林火，且森林也因此不斷更新，當然就絕不能解釋為是自然的規律，那頂多是種會伴隨人類聚落出現的現象。

能夠駁斥火災是森林自然現象的有力論點，還有那些個別超高齡老樹的存在。譬如說，挺立在瑞典達拉那省的雲杉「Old Tjikko*」。這棵看似微不足道的小樹，經科學家分析後，確認已高齡九千五百五十歲，而且還能繼續活得更老。假若在它一生中，曾有林火肆虐過這個區域，那麼 Old Tjikko 肯定早已駕鶴西歸，無法活到今天。

可是森林確實在燃燒著，僅僅在歐洲，每年就有幾千平方公里的林地遭此劫難，尤其是南歐地區。其原因很多，首先是許多森林遭到砍伐，而早在古羅馬人大興海上艦隊時，就已經對這整個過程起了決定性的作用。許多林地之後變成矮樹灌木叢生，再加上接下來有大批的牛、羊被放養在此，因此幾乎沒有任何一棵樹有機會長大，於是此處的林相再也無法恢復。這樣的灌木草原，無論是在過去或是今天，都毫無防護地暴露在炙人的豔陽下，為火燄奉上它乾燥的灌木叢及草堆，來作為最佳燃料。其餘通常由不同櫟屬樹木組成的森林，近來則多半由松樹與尤加利樹栽培林所取代。與橡樹這類櫟屬樹木相反，要讓這兩種樹燃燒起來簡直是輕而易舉，這點清清楚楚反映在過去幾十年的森林火災統計上。

不過要燃起火苗，到底得先有那源自某處的星星之火。而那只有在極罕見的情況下才會出自閃電，沒錯，真正讓森林燒起來的原因，是因南轅北轍的動機而心懷鬼胎的人類。它經常牽涉到建地，而依照規定這在森林裡是不被允許的；可是如果森林「消失」了，新的飯店與住宅

——譯註——

＊ Old Tjikko由瑞典于默奧大學（Umeå University）的自然地理學教授Leif Kullman在二〇〇八年發現，這也是他死去愛犬的名字。

當然也就有機會出現，就像二〇〇七年那幾場毀滅性大火之後的狀況，僅僅在希臘就燒掉了超過一千五百平方公里的森林，其中也包括了凱爾法湖（Kaiafa-See）保護區裡的七點五平方公里。然而，事後希臘政府的處置方式，不是讓這些區域繼續回歸自然，而是讓觀光業者在那裡大興土木，並讓原有的八百棟左右的非法建築就地合法。[64]幾乎更糟的是某些心懷叵測的消防人員：為了不丟掉工作，有人居然會乾脆在風平浪靜的太平時期自己製造火警。

因此多數火災有個共同點：都可直接或間接地歸咎於人類的行為。肇始於自然因素的火海煉獄基本上沒有，然而如此認定，卻能為林業經營者採行的皆伐提供絕佳的藉口：因為如果這是一種自然現象，那採伐時把一面積內的樹木全部同時砍掉，應該也就不會有什麼大礙——畢竟大自然很習慣地表出現這樣的空白。

但是情況正好相反。歐洲的闊葉林尤其具有「歷久不變」的特徵，因此這些樹並沒有發展出防火對策；它們雖然在活著的狀態很難被火點燃，樹皮卻無法耐受高溫。像山毛櫸樹對此就非常敏感，當它位在林間空地邊緣時，甚至還會被曬傷。

即使林火在全世界絕大部分的森林都是罕見的例外，還是有些生態系統適應了這類事件。不過它們所適應的，不是那種讓所有樹木都付之一炬的巨燄——不管在地球的何處，這對森林來說都是意料之外的大災難——而是在地面延燒的火。這種林火完全是另外一回事，因為它所摧毀的只是底層植被，如草本植物及雜草，而不是樹木，或者至少不是那些老樹。從老樹的樹皮就足以得知，它們天生具有暫時耐受高溫的裝備。

名列世界最高大樹種之一的海岸紅杉（Küstenmammutbaum）正是如此。它能長到超過一百公尺高，還能有幾千歲那麼老，且樹皮又軟又厚，還具有阻燃性。如果有幸在某個城市的公園裡看見這樣的樹（世界上還真的有許多城市的公園有它的蹤影），不妨走上前去，用拇指按一按它的樹皮——你一定會訝異於那有多柔軟，而那是因為裡面鎖住了比例很高且能完美隔絕高溫的空氣。因此，紅杉的樹幹能夠在火線快速通過時毫髮無傷，而這正是一場夏季的草地或灌木野火會帶來的狀況。

不過這種方法只保護得了較老的個體，年輕的紅杉因為樹皮還很薄，就時常會在大火中嚴重受創，甚至完全燒毀。因此這些紅杉巨木在它們漫長的生命中得顧慮著林火，但是它們並不需要林火來活下去——這兩件事經常被混為一談。而且，它們也順帶表明了一點，那就是即使是適應了野火的樹種，也不想被大火燒死，事實正好相反：只要一地的生態系統先天就免除不掉林火這要素，那裡的樹木就會讓自己配有極不易燃的裝備，這樣一來，整個區域也才不至於化為灰燼與焦土。

同樣以北美西部為家的美國西部黃松（Ponderosa-Kiefer），也讓自己披上一身厚實的樹皮，以保護那極為敏感的形成層，即樹皮與木質組織之間的生長層不受高溫傷害。然而，與紅杉巨木一樣，這招也只在頗有年歲的樹幹身上，以及當火燄不及樹冠高度時才會有效。樹冠上有著充滿易燃物質的針葉，只要這裡著火了，火苗就會從一棵樹跳躍到下一棵，並摧毀整座森林。這些總被認為是自然野火代言者的樹，其實只表現出以下的事實：它們連自己都痛恨這個自然元素，並且也只因自己潛在的長壽，才能從罕見的雷擊及其所引發的地表火中找到應變之道，而這種適應成功又讓它們活得更老。

那備受讚揚的「透過火燄把營養物質釋放出來」，一種林火能夠循環回收死去生物量的說法，在我看來不過是神話，目的是要緩和人類自遠古以來，就不斷以火干擾這個敏感的生態系統的事實。因為撬開大自然所儲藏的養分，並使其成為新植物生長所需之腐植殘餘者，通常並不是火。沒錯，完成這項「骯髒」任務的，是數以幾十億計的動物性清道夫大軍（而在一場森林大火中，牠們的命運是被燒個精光——可惜這些「討厭鬼」的皮不夠厚）。

即使是在動物界裡，「骯髒」的工作也是個不被感謝的職業。至少從人類的角度來看，就幾乎沒有人對那數千種既微不足道又其貌不揚的清道夫感興趣。甲蟎（Hornmilben）？讓人聯想家裡的塵蟎且立即雞皮疙瘩四起。等足目蟲子？如果出現在家門口的腳踏墊下，大概沒人會對牠起什麼好感。而許多其他種類都處境相同，牠們在樹下的落葉堆中奔忙著，對整個生態系的重要性，其實遠超過某些大型哺乳動物。因為少了這些小傢伙，整座森林將會因自己的垃圾而窒息。

不論是山毛櫸樹、橡樹、雲杉或松樹，全都持續在製造新的物質，也同樣都必須把舊的丟棄。而最明顯的新陳代謝，就發生在每年的秋天：老葉子的工作期限已滿，精疲力盡，滿身是蟲子打穿的洞。樹木在與這些老葉子道別之前，還會順勢把一些「垃圾」排放到那裡面——所以我們也可以這麼說，樹木正在辦它的「大事」。一旦這件大事完成，樹木與樹葉之間會出現一個隔離層，接下來所有的葉子就會隨著風一陣陣飄落。那原本窸窸作響的葉子，現在鋪成一層厚毯覆住整個地面，且讓人踩出一地喧鬧，可基本上不過是樹木方便完的「衛生紙」。

相對於闊葉樹會立即甩掉一身綠意，接下來便光禿禿地兀自佇立著，大多數針葉樹會留下不同年次的葉子，只丟棄最老的部分。這點與它們原本的生存空間有關：在緯度較高的北方，生長季非常短暫，能讓樹木的葉子萌發與掉落的時間，不過區區幾個星期。幾乎是樹梢才剛轉綠，秋風就又已吹起，而一切必須再度落地。在這種情況下，只有幾天能行光合作用，要想供給生長或結果的能量，幾乎是不可能的事。

因此雲杉與其他類似的樹，會讓大部分的針葉留在枝椏上，並只會為冬天備好防凍物質，使葉子不至於在氣溫過低時結凍。而一旦氣溫開始回暖，它們便能火力全開地加速生產糖分，不需要耗力費時地先長出葉子。為了利用短暫的夏天，它們等於一直處在伺機而動的狀態。不過，因為受風面積較大，針葉樹在冬天時，也較容易被風颳倒或枝條被雪壓低，為此它轉而讓自己的樹冠相當窄小。另外，生長季太短使它的成長非常緩慢，即使經過數十年，它也只能勉強長到幾公尺高；但也因為如此，強風時的槓桿作用相對趨弱，這棵常綠樹所要面對的風險，也得以與生存機會保持平衡。

因此，至少在那些四季分明的氣候區裡，葉子必須落地；即使在熱帶地區，每片葉子也都有它退休的那一刻，會精疲力盡為新葉所取代。所以樹木頭頂的這頂遮陽蓬，終有一天會飄落到地面，還可能會永遠堆在那裡，被深埋在不斷堆起且厚達數尺的落葉毯下，直到那不幸的一天來臨：土壤地力耗盡且落葉積滿到樹梢，這也會是森林的末日。

所幸現在有一隊由細菌、真菌、跳尾蟲、甲蟎及甲蟲組成的億萬大軍，要來出動任務，牠們並非有意要幫樹木一把，純粹就只是因為飢腸轆轆；而且為了要得到自己的那份戰利品，牠們各取所需有些喜歡葉脈之間薄薄的葉片，有些則偏好葉脈本身，還有一些負責處理的，反而是那些捷足先登者的排泄物碎屑，會將其進一步分解。

於是在中歐地區，這項集體任務可以在三年後完成：一片葉子歷經多次的回收利用，終於轉化為百分百的「排遺」，或者友善一點地說是腐植質。現在樹木的根又能夠生長在其中，並利用它所釋放出來的養分來供應樹葉、樹皮，以及木質組織的構成。且慢……

但被那些小東西吃下肚且長成牠身體一部分的物質，又該當如何呢？如今這些小傢伙的處境與樹葉很像，在最有利的情況下，是死後身體被吃掉，且成分也被再度排放出來；而最糟的情況，則是必須眼睜睜地面對自己的命運——因為在落葉堆裡，天天都上演著你死我活的小劇場。如同莽原上的瞪羚被獅子獵殺一樣，跳尾蟲也會被蜘蛛或甲蟲吃掉。在一平方公尺大的森林地面上與它厚厚的腐植層裡，有幾十萬隻這樣的迷你動物以及幾百隻想吃掉牠們的獵客。如果你耐心十足且獨具「慧眼」，就能觀察得到這種生死追逐賽，因為依種類而異，有些跳尾蟲有好幾公釐大，蜘蛛或甲蟲則又更大一些。

所以那些被積累在動物體內的物質，其實在不久後就會透過排泄物的形式，再度回到自然的能量循環裡，並且同樣能被所有的植物利用。不過有一種現象，是這些小東西所不喜歡的，那就是寒冷。當天氣太冷時，牠們便會停止活動。而在一座生態完整的森林裡，土壤層的溫度會從地底下十到二十公分深處就開始下降變涼；因此那些被雨水洗入土壤深處的腐植質，即便是真菌或細菌也幾乎無從染指。

這個顏色棕黑的腐植層，在幾千年的歲月中不斷地愈來愈厚實，有時在經歷地質作用後，還可能有朝一日會變成煤碳。而在另一種情況下，它則是被愈洗愈深，或者更確切地說，是被極度緩慢的地下水流，在幾十年後，帶到有好幾個地層深的地方。那裡住了我之前描述過的動作慢悠悠的地下生物，隨著深度的增加，牠們似乎也一點一滴地失去了時間感。牠們所喜歡的，同樣是有機物質，而不是燃燒後的灰燼，說到這裡，我們要再回到森林火災的話題。是的，大自然為養分循環所設想的是一個更加細膩且「清涼」的系統，應當會有幾千種物種從中受益，而不是被燒成灰燼。

但這些循環系統的運作，卻經常不再如原先所設想，因為它們不斷遭到人類影響且干預，而且不僅僅是透過用火。

自然與人

只要在一部分的土地上做到這點，這個植物界裡的慢郎中巨人，未來就還有希望。

我們就不要拐彎抹角，直接從最棘手的部分開始吧，也就是「到底什麼是自然？」這個問題。「自然」是原始的熱帶森林，或遺世獨立的山脈，上面有著從未被攀登過的高峰？那阿爾卑斯山上脖子上搖晃著大鈴鐺的棕色牛隻四處漫遊、野花盛開的高山牧場呢？還有已匯集雨水成池、有青蛙震天作響聒噪的廢棄礦場，也算是嗎？有關自然的定義之多，或可媲美大自然愛好者的數量。而一個既簡單且普世的定義是：自然是文明的相對物，也就是所有人類沒有創造或改變過的都屬「自然」。這個表述方式，非常嚴格且明確地劃定了自然的界線。

在某些觀點裡，則視人類為自然的組成要素，如此一來人類的活動當然也是。不過依照這種看法，自然與文明根本無法清楚區隔，而這正是現代自然保育行動的困境：當前真正值得保護的，究竟是什麼？什麼該視為威脅，或甚至是破壞？這似乎是個沒辦法立即清楚答覆的問題。

不過，只要我們把眼光放遠一點，情況看起來似乎就截然不同。亞馬遜雨林當然應該要盡量保持原始的面貌不變，還有依國際法不屬於任何國家的南極洲，也請千萬不要染指。同樣的態度，我們也能在針對其他區域的保護議題上發現，不管那是澳洲的珊瑚礁，或堪察加半島的原始林。嚴以待人，然而用在自己周遭的，卻通常是非常寬鬆的法則；情況特殊時，甚至連某些文化景觀也值得保護，尤其是當一地最純粹原始的自然已徹底消失無踪。我其實更主張自然與文明應該明確區隔，否則說不定哪天連婆羅洲的油棕栽培業，都會被看作是自然的一部分。

不過要劃分這兩者真的有這麼簡單嗎？我們該從哪個歷史紀元開始把人類看作是干擾因素呢？假如要從現代人類這個物種的存在算起，那比這更早的前人，例如與我們只有些微差異的直立人，又算什麼呢？這許多的問題，都沒有明確的答案。

我自己是把人類從以狩獵採集轉變為以農業為生的過渡期，看作是那條分隔線。這裡是一個切割點，從此有目的的育種以及它所引發的物種改變正式展開，人類開始有意識地改變地表景觀，並將周遭環境改造成一個可以讓人類予取予求的生態系統。

而環境所最先出現的不可逆破壞也清楚可見，例如透過耕種犁田的行動。鋤犁不斷翻動土壤的結果，是使較深層土壤的孔隙被堵住，它所形成的所謂的犁底層（Pflugsohle）*會留在土壤中上千年，並讓這裡排水不良。此外，氧氣也無法克服這層障礙，結果日後當樹木想穿透這層障礙並往下生長時，許多樹種的根會因此腐爛，於是只能形成平淺的碟狀根系。它們的穩固性因此是個大殤，而且超過一定的高度後（通常約二十五公尺），整棵樹經常在暴風中因槓桿作用過巨而傾倒。

此外，正如我們前面提過的鳥類或熊，人類也會影響森林及它的樹種組合。而且這不僅是因為農業活動所導致的偶然變化，在德國境內，有高達百分之九十八的覆蓋有樹木的土地，此時是以工業化標準來栽種、照顧與收成林木。然而，即使是我們遠在石器時代的祖先，既無鋤犁也無鐵鋸，只帶著弓箭上路，也已經有辦法讓大自然真正亂套。所以我很樂意與你一起回顧過往，回到幾千年前，看看當時的人以簡單的工具方法，產生了哪些效應。

——譯註——

* 又稱「亞表土層」，是位在耕作層以下較為緊實的土層，因長期耕作受鋤犁的翻動擠壓以及降雨將細小土壤顆粒洗入較深處沉積而成。太過厚實的犁底層對作物非常不利，必須透過深耕或深鬆的方法將其破壞。

樹木能反映氣候的波動，而上個冰期的結束就是一場大波動。厚達幾公里的冰河最後殘餘，大約在一萬二千年前消融殆盡，而被冰封已久的荒瘠大地也再度重見天日。開始之初，這裡不再有森林，它們早已被那些緩慢向南推進的巨大冰舌給毀滅吞噬。在歐洲，樹木甚至是同時被來自兩側的冰舌所夾攻，因為阿爾卑斯山區也被冰河覆蓋，它們像一道巨大的東西向屏障，橫亙在許多樹種往南方逃難的路上。於是乎，有許多樹種滅絕了，其他的則不是縮減到僅剩少數殘存在不受冰封的側向支谷裡，就是只能倖存在較溫暖的南歐地區。

而在冰河消融後，植被帶點遲疑地在此重返：一開始只有苔蘚、地衣與短草，不久之後便有矮種灌木與喬木來相伴。這裡發展成一片苔原，一如今日在加拿大、斯堪地那維亞，以及俄羅斯北部所見——那裡一直到現在，都還維持著冰期剛結束時的樣貌。再過一段時間，樹木也會再度出現，領頭羊是像松樹這樣的針葉樹，它與樺樹同樣最無懼於此時依舊籠罩著大地的嚴寒。隨著漫長的時間過去，橡樹與其他闊葉樹也姍姍來遲，它們會再度排擠掉大部分的針葉樹。

不過在這群針葉樹黨中，卻有個名叫銀冷杉的慢郎中。它的動作顯然很遲緩，至今才剛又回到德國中部一帶。順道一提，這種重新回歸的次序，直到今天都還能在阿爾卑斯山區體驗到。那裡的最高處仍處於冰期，冰河依舊盤據；接下來海拔高度愈低，氣候就愈溫暖，也有愈多且愈高大的植物可見。而大約在四、五千年前，山毛櫸樹也再度從南方回到這裡，若不是現代人不斷將其砍伐、並種上其他樹種來加以干預，山毛櫸樹在今天會以壓倒性之姿，構成我們的原始森林。

不過如此介入森林生態者，真的就只有現代人嗎？畢竟我們遠古的祖先，在他們的先人同樣被冰河驅趕向南方之後，也跟著植物又重新回到這片冰雪消融的大地。不過要對即將形成的森林造成破壞，這批重返的人類在規模上是遠遠不足的；以德國今天的領土為界線，當時漫游在這一片貧瘠荒涼中的人口，應該不會超過四千。隨著氣候逐漸暖化與森林覆蓋面積再度擴大，人口密度也繼續增加，總數並在西元前四千年左右突破四萬人。以每平方公里計算，平均不超過零點零一人，換句話說，每一百平方公里只有一人；就此而言，即使個人對燃料的需求再大，與森林相比，根本也只是九牛一毛。一百平方公里的林地，每年可以新增十萬多立方公尺的材積，約可提供一千戶現代獨棟家屋燃料之所需。

也因此對石器時代的人類來說，最大的生存難題並不是被凍死，而更可能是饑餓。他們獵取大型草食性動物，這些動物也愛吃年幼的樹，尤其像原牛、美洲野牛、歐洲野牛，以及野馬與犀牛這些體型較大的代表。上述這幾種動物以草為主食，可以把整片草原徹底吃光，這完全阻斷了森林形成的機會。這點對我們接下來的討論至關重要，因為如果在自然界裡，這些動物真能打造自己的生存空間，且以夠多的數量出現，那北邊這個緯度帶可能根本就不會有森林存在。

那麼，遠古地表景觀的祕密主宰者就不是樹木，而是大型食草動物。當成群吃著草的原牛、歐洲野牛、野馬，以及紅鹿移動過草原，足以吞噬掉任何一棵成長中的樹的生機。即使許多樹曾經穩紮根基，有機會形成了一大片真正的森林，假以時日還是會被吃禿，野馬與紅鹿常啃咬撕下橡樹及山毛櫸樹的樹皮，直到它們死去；而幼樹的嫩芽與新枝，則會一直被飢腸轆轆的大嘴吃掉，以致總是長不高——理論上是如此。但事實的真相，是除了紅鹿以外，所有的大型食草動物都消失了。牠們真的是被當時狩獵的人類滅絕的嗎？那為數有限的智人，能施展出這麼強而有力的作用嗎？

這裡輪到由桑德爾・馮得卡爾斯（Sander van der Kaars）帶領的國際研究團隊來說幾句話

了。他們在研究已滅絕動物的糞便殘餘時，檢驗了澳洲沿岸一帶的海域，其結論是：大約在五萬年前定居於這塊大陸上的狩獵人口，是這場動物滅絕的罪魁禍首。氣候波動這個因素可以排除，因為這裡在這段期間，並沒有像北半球那樣劇烈震盪的變遷。然而，在第一批澳洲人出現後不到幾千年的時間裡，百分之八十五的大型動物，也就是體重在四十四公斤以上者，都消失了。

這與過度獵補無關，而且恰好相反。根據研究人員的分析與見解，原因在於這些大型動物繁殖得如此之慢，以致即使是一種溫和的狩獵模式，都可能造成嚴重危害。科學家是這樣推算的：只要每個獵人每十年獵一頭成年動物，就足以讓這種動物在不到幾百年後走向滅絕。

如果在狩獵時期的人類介入前，我們的地貌確實是由那些成群結隊的野牛、犀牛、大象或野馬所塑造，那在最好的情況下，一地應該也只能發展出灌木，而非一望無際的原始森林。這種所謂的「巨型草食性動物理論」的擁護者，當然也明白過去中歐地區幾乎到處是森林，但他們認為這要歸因於人類。換句話說，因為新石器時代的農耕族群獵殺這類動物，並使其數量削減得如此可觀，竟使森林得到一個在這種自然條件下原本不會有的機會，而它也毫不客氣地利用了這個機會。一些出土的花粉化石，證明了草原植物在此之前早已出現，這支持了上述的論點。

不過同一時期也存在著大量的樹木花粉證據，而這一點都不矛盾。因為即使是在面積廣大的原始森林裡，也總會有一些無樹區域，那可能是沼澤濕地、陡峭的岩坡、或有洪水吞噬而樹木沒機會長期發展的河灘。問題只在於這些像草原的區塊面積有多大，它具有絕對優勢，或僅僅是一種邊緣現象？

還有另一種論點，也支持這種無樹區域的存在。原牛、野牛，以及紅鹿都是群體動物，而群體生活其實只在草原上可行。如果你參加過有一大團人的健行隊伍，然後得從林道旁的小路穿過茂密的森林，那你一定知道這個隊伍最後會拉開距離，彼此失去連繫，於是大家時不時就得停下來，等待那些落後、且因為看不到人而不知何時才會追上來的隊友。

對野牛來說，這種情況的威脅性更為強大，因為一大群野牛比起個別一隻，更能吸引掠食者的注意。牠們連繫彼此時的叫聲，散發的強烈氣味線索，尤其是集體行動時必須不斷等候遲到者而慢下的速度，都是原因。這對狼與熊，無異是邀請牠們來頓吃到飽大餐。

狍鹿及牠的天敵山貓這類典型的森林動物，總是單槍匹馬地行動，只有在繁殖期或在哺育下一代時，才會出現由二、三隻成員組成的小家庭聯盟。這使牠們的脫逃行為也迥然不同，相對於群體動物經常在逃離時會跑上幾公里遠，森林裡的獨行俠通常跑不到一百公尺，就可以躲進隱密的灌木矮林裡，在那裡靜候追蹤者到底是否有跟上。

於是我們確定了：花粉的發現證明了無樹區域的存在，而大型食草動物的群體結構，也同樣支持這樣的鑑定結果。人類的獵殺可能導致了牠們的數量銳減，於是森林得以重新奪回這些失去了動物的區域。能夠支持這種說法的，還有大部分的大型及巨型草食性動物都滅絕了這點，舉例來說，猛獁象和長毛犀牛、森林象與野馬、原牛與歐洲野牛（除了波蘭的比亞沃維耶扎〔Bialowieza〕國家公園裡還有幾隻外）全都消失了，而這肯定不能只以過去幾千年的氣候暖化趨勢來解釋。

到目前為止，一切聽起來似乎都還過得去。但這個理論其實是站不住腳的，不如就讓我們從另一個角度重新檢視一下這個情況吧，也就是把焦點從草食性動物移到樹木身上。德國本土的森林樹種，例如橡樹與山毛櫸樹，都歷經許多世代漫長的物競天擇過程，才晉升為原始森林裡的老大；也因為身懷無數絕妙本領，它們得以生存數百萬年。

不過有種本領是這些樹幾乎沒有開發的，那就是對抗大型草食性動物的防衛機制。它們沒有毒、沒有尖刺、沒有倒鈎，幼樹尤其對鹿群、野馬與野牛的饞嘴毫無招架之力。假若前述的大型草食性動物理論足以令人信服，在無法自我防衛的情況下，這些本土闊葉樹必定生存在經常性的威脅陰影中。

好吧，最新的研究讓我們知道有些闊葉樹能辨識狍鹿，並且在被咬時備好防衛物質。不過就像一些林主徒勞的嘗試顯示，這些手段在動物密度很高的情況下效果非常有限：不僅所有的小山毛櫸或橡樹都一併遭到啃食，以致在幾十年裡都只能像盆栽那樣生長；尤為甚者，是當食草動物太多、而冬天食物太過短缺，連額外噴灑在小樹嫩芽上的防咬食化學藥劑，也都經常會被一起吃掉。闊葉樹之美味似乎令人難以抗拒，以致當狍鹿與紅鹿的分布密度高達一定程度後，任誰也救不了它們。

而這種事就不會發生在黑刺李或山楂這類典型的草原植物身上——黑刺李的名字，已透露出它自我防禦的策略。至於蕁麻與薊科這類草本植物，也是有備而來；尖銳的針狀物，再加上全身布滿毒素、會頑強扎進皮膚裡的易斷倒鉤，以及粗韌苦澀的纖維，都是讓那些貪食者不敢來糾纏自己的手段。除此之外，它們的種子可以透過風或鳥的航空快遞來傳播，也因此即使相隔甚遠，它們還是能夠迅速佔據那些空地。山毛櫸樹與橡樹則手無寸鐵，而且如前所述，它們的種子較重，只能咚一聲直接掉在母樹腳下；即使透過動物，也只能被帶走幾公里遠。因此它們傳播移入到空曠地帶的過程，可以延續超過幾千年。

根據以上所述，我們唯一能做出的推論是：一種來自這些草食族群的根本性威脅，從來就不曾存在。支持此論點的另一項事實，是一座在地的原始森林，需要大約五百年的時間來達到穩定平衡；因此，如果真有數百萬隻飢腸轆轆的有蹄目動物，牠們根本不可能留給森林這樣的時間。所以結論是：縱使能證明草原植物與大型草食性動物的存在，原始森林必定還是當時最具優勢的植被。那些經歷巨型草食性動物而存活下來的橡樹與山毛櫸樹，如果只是以島嶼式的小型林地零星分布，應該會很快就會被吃個精光。此外，它們的種子太重，沒辦法隨風傳送幾百公里，只能借助鳥類帶上一段短短的距離。但這些手無寸鐵的樹種卻還是四處可見，根本與野馬及野牛等是地表景觀塑造者的理論相悖。

對那些本著私心喜歡濫用這個理論的林務員和獵人來說，這是個「令人遺憾」的事實。有些林務員認為不管是透過歐洲原牛或伐木的林工來疏林，都沒什麼大不了的；獵人則放任在他們餵養下數量劇增的紅鹿，把每吋土地上的每棵小樹吃光殆盡。巴伐利亞邦自然保護組織BUND的主席胡貝特．懷格（Hubert Weiger）就曾發出這樣的警告：「我們擔心一種對自然保育知識極為引人入勝的專業討論，一種理論之爭，會被部分土地使用者別有用心地拿來利用，以便替違反自然的計畫解套，並在政策上加以執行。」[65]

對森林有著深遠影響的另一大要素，則是人類所引發的氣候變遷。它發生得很快——對樹木來說，簡直是太快了。二〇一六年的夏天有個特殊現象，讓我在八月底從挪威度假回來後驚嚇不已。當我們動身前往北歐時，林區裡的樹木全都還閃耀著健康的亮綠。而且在離開一星期的時間裡，我也沒怎麼掛心——在我們度假的哈當厄峽灣區（Hardangerfjord）下了很多雨，我還有點希望這裡也能有氣象報導中胡默爾鎮的那種天氣：陽光普照，氣溫超過三十度。不過在漫長旅途之後，當老家的山毛櫸林終於又映入眼簾，我的心情盪到谷底：才沒幾天的炎熱高溫，就讓許多樹冠變成了棕色，有些樹的葉子甚至已掉落大半。

很快我就確信原因不會在於缺水，因為我在不同地點取了幾個土壤樣本，把它放在食指與拇指間壓緊，結果這些土並沒有被壓碎，只是從原有的形狀變扁——證明裡面還有足夠的水分。那原因究竟是什麼？

樹木在夏天落葉，罪魁禍首幾乎總是折磨人的乾渴。與其乾到完全脫水，樹木寧可先甩掉自己表面積最大的蒸散器官。糟糕的是，樹木的生長季也會因此結束了，無法再進行光合作用。雖然到了隔年春天，它還會有足夠的能量發出芽來，但也只能祈求不會再有絲毫意外了——只要來一場足以凍壞所有嫩葉且迫使樹木得長出第二輪葉子的晚霜，或一次需要有備用能量才來製造防衛物質的蟲害，有些山毛櫸樹及橡樹就會精疲力竭而死。這種死法在雲杉極其壯觀：它的針葉會化為一片火紅，而且因為樹皮甲蟲很快就會發現垂死的它並加以攻擊，屆時從雲杉身上掉落的不僅是枝椏上的針葉，還有樹幹上一片片的樹皮。

話題再轉回二〇一六年的夏天。那年一直到八月前，我們那裡的天氣都還是既涼爽又濕潤，這樣的天氣其實頗合乎樹木的心意。「其實」。因為至少在德國的緯度帶，如果夏天降雨太多，也會助長那些對樹木有害的生物。它們會讓樹葉在七月就開始掉落，因為真菌就是會趕在這麼早的時間點，在樹葉上歡慶一場盛大的流水席。它們會讓葉子布滿咖啡色的斑點或覆上一層薄薄的乳白色黴菌，亦即所謂的白粉病。當這些綠色「太陽能集能板」上出現太多真菌，樹木就得忍痛割捨它們，結果是樹冠有時候會像在秋天一樣飄下落葉。假若之後的天氣又不幸快速轉變為極端乾熱，那即使是體質最強健的樹，也會頓失內在的平衡。

於是就這樣不到幾天的時間，我林區裡許多闊葉樹的樹葉都變成了棕色，它們雖然逃過真菌的一劫，最後卻還是全數掉光光。值得注意的是，不斷以疏林的方式來經營管理的林區，這些症狀更顯得嚴重。不過這也難怪，因為與天然林相反，它們的樹冠層留有許多空隙，日照也能更不受阻攔地長驅直入：這使一切都比較容易熱起來，空氣也同樣會乾得很快，整個環境的變動於是也顯得更極端突兀。反之，不受干擾的天然林則能自主調節微氣候，使它保持在一定程度的可容忍狀態內：再加上這裡的樹木會透過根部與真菌的網路互相扶助，即使是體質孱弱的伙伴也能得救。

那在一年四季的其他天氣裡，情況又如何呢？身為林務工作者，氣候算是我特別關注觀察的對象。冬天時如果狂風吹起，我就開始擔心起那些有傾倒危險的老雲杉，因為如此一來，那些站在它們腳邊、還需要這些「代理父母」遮蔭呵護的小山毛櫸樹，在夏天來臨時，將會毫無防護地任太陽曝曬。而如果下了太多的雨，過分濕軟的土壤也會帶來危險，因為樹木根部的抓地性會因此減弱。在冬季裡，我比較喜歡寒氣刺骨的日子，但這同時也意味沒有降雨。只有位於晴朗高壓籠罩區裡的天氣才會真正寒冷，因為在缺乏雲層的夜晚，所有地表散出的熱都會逸失於太空中。而為什麼無雨或無雪的冬季，並非好事？因為德國的樹木無法從夏季的降雨中得到充足的水分，必須倚賴土壤裡蓄積自冬季雨水的庫存而活。土壤除了生長季外，都蓄存有大量的水，這樣植物在較溫暖的月分裡，除了雨水還有額外的水可利用——前題是冬季的雨下得夠多。

炎熱的夏日同樣讓我憂慮：連續多日的高溫會使土壤過乾，那麼樹木就得受苦。此外如前所述，它們也會變得更容易遭受疾病侵襲。而且，即使之後下雨，也經常是以雷雨的形式；山雨欲來風滿樓，在雨快降下前，常會颳起暴風等級的強風，這對我所鍾愛的闊葉樹尤其危險，因為此時它們一身綠葉，受風面積特別大。歐洲真正盛行風暴的季節是冬天，不過那時候樹木有著無葉一身輕的流線外形，這是它們從演化中學到的本事。綜合以上所述，當然我也不喜歡暴風雨。

說到這裡，你注意到了嗎？對於像我這樣的森林看守人，老天爺簡直就是沒辦法讓天氣合我的心意。對此我得說聲抱歉，我只不過是憂慮樹木及其未來。而且因為每天都觀察得非常仔細，所以我才能注意到，其中的變化是怎樣地逐年加劇。這裡指的不僅是所有媒體都已報導過的暖冬，沒錯，除此之外還能觀察到季節推移的現象。雖然在我海拔有五百公尺高的林區，通常最晚十一月底前，理應要白頭過一次，但如今第一場雪經常得等到隔年一月才來；三月也經常就這樣從指間溜走，未曾出現過哪一天，能讓人坐在戶外享受溫暖。

而蜜蜂也深受其害，不是草地上的野花與其他較早的蜜源太晚開，就是過低的氣溫妨礙牠們外出採集花蜜。並且在園藝行都已經開賣起各種令人眼花撩亂的陽臺盆花與花園春花時，我們的林務工作站卻被迫得至少等到五月中，才能把它們種上。因為最後一場雪可能會下在四月，最後一次霜降有時甚至會延遲到六月初，這代表許多一時興起買下的天竺葵或矮牽牛，也因此必須再重種一次。而天氣要真正說得上熱，以過去這幾年的經驗來看，經常得等到八月，二〇一六年時甚至得等到九月中。結果是在氣象觀點上應該已經入秋的時節，卻出現了美好有如夏日的秋老虎——雖然氣溫還是明顯下降了，尤其在夜晚。

如果只是單純地一切都往後推延一點，其實也無傷大雅。糟糕之處在於，或許是樹木比較頑固，它們的作風跟我們有點不同。就像我們人類一樣，樹木也察覺得到逐漸縮短的白晝，並且會慢慢開始準備冬眠。它們沒辦法讓葉子就這樣乾脆在枝幹上多留四星期，因為就算天氣再好，它們都得為突如其來的早冬或暴雪做好打算，那些為了享受秋陽而將葉子保留太久的樹木，都會得到懲罰：枝幹會被打斷，有些甚至會因整個無法承受而全株倒下，這在二〇一五年的十月就發生過。

對個別的樹木群體而言，唯一的補救辦法應該是向北方撤退，而這也確實是它們目前正在做的事，或者該說正在「嘗試」的事。因為樹木的遷徙並不在人類預料之中，那些界線分明與他人產業相鄰的林地，對這種擴張到較涼爽區域的行動，也構成了頑固的防線。

我們家中花園的草皮，就是最簡單的例子。我總會在推草皮時，瞥見夾雜在短草間的小橡樹苗，可惜它們最後都會淪為推草機下的犧牲者。好吧，它們的母樹離這裡只有三十公尺遠，但是即使進行地非常緩慢，這依然是一種「遷徙」。鳥類與風能將種子帶走多遠，我在前面已經提過，可是如果每顆種子掉落的那一小塊土地，都已經種有其他植物，樹木移向北方的行動根本是白忙一場。

有關動物遷徙，為了讓牛羚、斑馬與大象等數量驚人的龐大隊伍得以在不同國家公園間移動，國際社會已通力合作使通道走廊保持暢通。連中歐地區本身都有支持這種動物遷徙的行動，例如在斑貓（Wildkatze）的保育上：像ＢＵＮＤ這樣的自然保護聯盟就致力於保留通道，以讓這些小老虎能夠沿途繁衍，並在全德國四處漫遊。[66]

那樹木呢？它移動得如此緩慢，根本沒有人會注意。即使是林務員本身都認為，要想在當前氣候變遷的趨勢下，撤退到高緯度地區，山毛櫸樹與其他同類樹木的動作是太慢了。可是這裡的癥結並不是太慢，而是它們整個群體都被徹底扣留了，因為不管在哪個角落，人們都會立刻除掉任何非計畫中的幼苗：雲杉應該要長在Ｘ這一區，山毛櫸樹是在Ｙ，接下來是農耕用地，再下一區塊則登錄為草地……這些硬邦邦的界線，阻礙了構成自然的本質——「變動」。

讓我們把目光再轉回我家的草皮，是的，我也承認自己有錯。如果人們為環境套上一個個這樣的緊箍咒，又到底該如何知道它如何因應氣候變遷？我們的樹種在這一路前往較涼爽的北方的路上，動作真的太慢了嗎？

除了透過節約能源來進行普泛的氣候保護外，我認為設立更多保護區也是個可行的辦法。我們需要某種具有「踏腳石功能」的野地森林，而所謂的「踏腳石功能」，就是讓人踩著過溪且不會弄濕腳。每一個保留區都等同於一塊這樣的石頭，當它們的數量夠多時，野生物種就有辦法穿越我們的人為地景，在保護區之間通行無阻。只要這些區域相隔不算太遠，我們或許就真的能觀察到樹木如何對氣候變遷做出反應，或許結果會證實，它們根本就不想到北方。

目前已知一片山毛櫸林只要不受林業經營干擾，就完全有辦法自行在炎熱的夏天裡冷卻下來。然而，一旦其中有樹木遭到砍伐，接下來陽光就能穿透剩餘的深色樹幹間，使這裡的空氣變乾變熱，並讓這些巨人陷入麻煩。因此解決之道簡單到近乎陳腔濫調：少一點木材消耗＝少一點能源消耗＝少一點氣候變遷＝健康且適應力強的森林。我們只要至少在一部分的土地上做到這點，這個植物界裡的慢郎中巨人，未來就還有希望。

有些人類行為帶給自然界的影響，要遠比砍伐樹木這件事更微妙且難以理解。而之所以會這樣，純粹只因「事由」與「作用」之間的距離相隔太遠。

二十年前，我與家人第一次到美國西南部旅遊，今年我們又去了一次。北美對我們有著無窮的吸引力，那些國家公園所展現的雄偉壯麗的砂岩山崖，完全令人摒息。在那渺無人煙的無垠大地上，除了動植物之外，最讓我們傾心的就是那鬼斧神工的岩層構造。其中拱門國家公園（Arches National Park）更因大量令人印象深刻的岩石拱門而得名。

有些巨大的石拱縱使規模驚人，看起來卻異常脆弱，這讓在一旁讚歎的遊客不禁要懷疑，為什麼它們經受幾千年來的風吹日曬，居然還能如此屹立不搖。而這個問題，能從好幾座有如紀念碑般雄偉的石拱上得到了解答：光是猶他州的峽谷地國家公園（Canyonlands National Park），一九七七年以來就垮掉了四十三座石拱，而且這些觀光業上的——對當地原住民也是宗教上的——悲劇，可能有一大部分要歸咎於人類的活動。美國鹽湖城猶他大學（University of Utah）的研究團隊確信，這裡的岩石遭受了一連串來自外力的震動。

多數震動起因於自然，而其來源除了地震，一天當中的氣溫變化尤其重要。因為岩石在白天受熱膨脹，在較涼爽的夜晚則再度冷縮，於是這些石拱便會下降一些。

為了徹查進一步的原因，科學家在彩虹橋國家紀念區（Rainbow Bridge National Monument）的彩虹橋上鋪設了電纜。彩虹橋被認是全球最高的自然拱橋，更是納瓦荷族原住民心目中的神聖高塔。觀光客不准涉足此處，要想到此一遊，必須搭船從鮑威爾湖（Lake Powell）這座水庫的一個分支水域抵達，然後再由國家公園管理員帶領走到一個眺望點。與其說是為了保護這些石拱，如此的小心翼翼其實更是為了尊重當地原住民的感受。而且這的確也讓危及這座拱橋的觀光因素變少。

一如傑佛瑞・摩爾（Jeffrey R.Moore）的研究團隊所確認，人類活動的後續效應會出現在岩石上，並且是以慢幾秒鐘的節拍。在這裡指的是鮑威爾湖的湖水輕拍岸邊的波浪撞擊力，這種來自幾公里外的湖泊的脈動，不僅確實在彩虹橋上也測量得到，還在那裡引發輕微但持續不斷的震動。[67]如果連這樣的擾動都量得到，那記錄到一千六百公里外的奧克拉荷馬州（Oklahoma）鑽探所引發的壓力波，也就一點都不奇怪了。雖然導致之前這段時間石拱崩塌的原因，最後還是不容易解釋清楚，但這卻是個說明人類活動能對生態系統產生哪些遠程效應的絕佳範例。

論及此處，我們必須再度談到地下水。其實在前述的石拱崩塌的這個問題上，浮現在我腦袋裡的第一個念頭，是地底深處的水含有的氣體，不過這在目前當然只是個猜測，因為據我所知尚未有人研究。其中包括了對小蝦小蟹與其他迷你生物極為重要的氧氣，以及理所當然地還有牠們呼出的二氧化碳。你知道搖晃一瓶氣泡礦泉水會發生什麼事吧？裡面的碳酸會冒著泡散逸而出，而之後氣體及碳酸大減。

地底下的世界，原則上堪比一個巨大的瓶子，正不斷受人為地震牽動而搖晃不已。這難道不會讓它的氣體與碳酸含量也有所變化嗎？至少在以水力裂解進行地下能源開採的地區附近，情況應該就是如此。那些地區的地下岩層被高壓灌入的液體裂解，最大深度可達三千公尺，而這能引發無數的震動。此外，這種採礦方法還會在地底下殘留許多化學物質，它們會細細布滿在裂解地層的所有縫隙中。那些生活在此、但看不見東西的小蝦小蟹，對此會怎麼說？

這個美好的生態系統，至少在中歐大部分地區的地下逕流裡都尚未被染指，然而，在接近

聚落的地帶，卻也已經有了相當戲劇性的改變。一是經由農業與工業活動有害物質不斷滲入地底下，其次則是每天都有數量驚人的地下水被往上抽。僅僅在德國，每天嘩啦啦從水龍頭裡流出的水就將近一千萬立方公尺；再加上從露天採礦區這類工業用途中被排掉的補注地下水量，規模更是大到令人無法想像。二〇〇四這年，單單在科隆附近的褐煤露天礦區裡，就抽掉了五億五千萬立方公尺的地下水；這是全德國所有飲用水消耗量的一倍半之多。整個地底下會因此遭受波及的面積，至少高達三千平方公里。而在這每一立方公尺的地下水裡，都還有尚未被研究過的生命在活躍著，牠們對整個自然能量循環的影響，我們也都還沒認識到。

所幸有著完整未受擾動的廣大地下水域還存在著，它與地底深處的地層，確實共同構成了中歐地區最後一個純粹原始的生存空間。就此而言，真正的大自然，其實離你我並不遙遠，可能比最近的國家公園或自然保護區都還要更近，只是我們無法企及而已。

不過完全近在眼前，且可立即了然於心者，是過去十萬年裡人類演化的結果。而且假若你有著白皮膚，甚至還有著藍色的眼睛，那每天早上，你都會從鏡子裡得到一個已滅絕人種最後的問候。

白種人來自何方？

我們今天所擁有的這許多聰明才智，對個人生活品質真的是必要的嗎？

中歐人通常是白皮膚，這可能是一種我們具有侵略性的間接象徵（詳細緣由我會在本章逐步道來）。我所說的並不是人與人之間的好勇鬥狠，而是在對抗其他物種時的那種驃悍。這種侵略性與我們在演化上的成功有點關係，而我們之所以是今天的我們，都要歸因於這樣的成功。而如果從許多其他物種相對的衰落來看，或許是有點太成功了。會不會是以擾亂「自然」這口大鐘為樂的基因，早已深植在我們身體中？還是人類在此同時，已經成功脫離大自然的齒輪傳動機制，進入某種類型的生態平行社會？

現代人已經停止演化了，我還滿常在一些談話中聽到這樣的看法。這種觀點聚焦在醫學的進步上：如果沒有盲腸手術、沒有胰島素注射、沒有β受體阻斷劑*，或簡單說就只是沒有眼鏡，我們當中有多少人還能活著？若有這些疾病或缺陷纏身，可能早在一萬年前，就淪為掠食性動物手到擒來的戰利品。換句話說，演化會把我們——嚴厲但符合現實地——淘汰掉。

但縱使身體帶有缺陷，我們現在依舊可以藉著醫療技術的輔助存活下來，而這種缺陷或許會遺傳給之後的世代，那人類這個物種難道不會愈來愈衰弱，並在醫藥供給突然中斷時走向末日嗎？要想更仔細地從這個層面切入，就必須先辨明兩件事：首先，演化是否真的已經停止了？再者，輔助工具的使用是否也該屬於演化，或說是演進的一部分？

第一個問題的答案很明確：演化當然還在人類身上勁道十足地繼續進行著。要感受到這一點，只要拉開我們豪華套房的窗簾通一下風，往非洲這類地方看一看，就會發現諸如傳染病、饑荒與戰爭，都還在那裡以我們無法想像的規模肆虐著。根據世界衛生組織（WHO）的報告，單就以蚊子為傳播媒介的瘧疾來說，光是二〇一五年，就有兩億人罹患瘧疾，且有四十四萬人因此死亡。此外，全世界有八億人口因為食物短缺而有生命危險，其中每年就有六百九十萬個五歲以下的兒童活活餓死。而自一九九六年以來，大約已有四百萬人死於剛果的內戰。[68]

這樣的例子，還能一長串地繼續列下去，不過事實已經很清楚，對那些生活在更南邊一點的人來說，生存始終是受到威脅的。就此而言，許多人所須面對的生存風險與環境壓力，自石器時代以來並沒有什麼差別。就像在南非的波札那（Botsuana），當地後天免疫缺乏症候群，也就是愛滋病的肆虐特別嚴重，人民的平均壽命降至三十四歲。[69]照這樣說，不管是在波札那或其他非洲國家，死亡事件中有很高的比例要歸咎於外部因素。我不希望讓人家覺得我語帶嘲諷，故稍後我們會再提及「道德」的議題。

現在先把目光轉向疾病，這個始終對人類遺傳因子施加壓力的演化要素。

在瘧疾疫區裡，鐮形血球貧血症（Sichelzellenanämie）這種罕見的血液疾病也十分盛行。此種疾病的患者紅血球會變形，不再是一般的扁平圓盤狀，而會有著鐮刀般的外型。患者不僅必須忍受器官氧氣供應不足之苦，還很容易在三十歲前早逝。不過多數帶有這種遺傳因子的人，只會發展出輕微病症，血液中除了鐮刀狀紅血球外，也還有足夠的正常紅血球。因此這些人的生活，幾乎可以與常人無異。

關鍵就在於瘧疾的出現。這種疾病是藉著蚊子叮咬所傳播的寄生蟲來侵襲並破壞紅血球，

譯註

* 是一類用來治療心律不齊、防止心臟病再發（二級預防）與在特定情況下也可用來治療高血壓的藥物。

它那伴隨著陣發性高燒的發病過程，主要是因大量血球被破壞所引起，經常是以組織器官的整體衰竭告終。不過，身上帶有鐮形血球基因的人，天生就對瘧疾具有抵抗力，為什麼會如此，至今尚無法明確解釋。無論如何，那些身體機能其實已經大為削減的鐮形血球貧血症患者，相對於非此病症者，呈現出明顯的優勢。而這個優勢的效應，在瘧疾嚴重肆虐的區域最為明顯，因此也最常出現此種紅血球基因改變的案例。

所以對於演化已處於準停滯狀態，身為「萬物之靈」的人類也已窮其發展之盡的印象，都是不可靠的。置身於西方工業國家這個相對小而富足的綠洲之中，我們只是有點看不清自己周遭正在發生的作用。其實即使是以較為溫和的形式，大規模的自然淘汰，也還在這裡持續進行著。沒有戰爭與饑荒的太平日子只不過寥寥幾十年，我們不該忘記在過去的幾百年裡，沒有任何世代能在這類劫難中全身而退。而且，即使沒有這些重大的轉折，自然界帶來的壓力也已經夠多了，就算嚴重如癌症、心臟病與中風，也不過是人類醫學不可控因素裡的一小部分。

嚴格說來，也正是現代文明才使現代醫學變得不可或缺，因為在幾千年前，所謂的「文明病」還沒有這麼順理成章。牙齒矯正器、椎間盤突出或動脈繞道手術，是因為我們不健康的生活方式，才成為必要。依此看來，人類那些據說已經攔下演化這部雲霄飛車的「發明」，其實充其量只是把演化推往另一個方向。在饑荒與瘟疫之後，目前在西方工業社會裡接手篩選我們基因的，是膽固醇及其他疾病。

撇開這點不談，我們體內有無數的「工地」見證了遠古的演進過程，而這些過程直到今日，都還在全力進行中。舉例來說，我們的牙床，遺棄了多餘的牙齒（智齒），腸子有一小段附加物失去功能（盲腸），而令許多男人遺憾的，則是身體丟失了毛髮。若要說五萬年前，人類的長相與今天完全一樣，這顯然絕無可能，而就算我們堅稱人類的發展，已經來到一段漫長旅途的盡頭，它還是會繼續生氣蓬勃地向前推進。只不過它的作用是如此之慢，以致我們無法察覺到改變。

或許以我們星球的樣貌來做個比較，會有助於理解這點。雖然大家在學校都學過，大陸板塊會移動這件事情，但陸塊的外觀和各洲的形狀，似乎總被認為是穩固不可動搖的。這些涵蓋整個洲大陸的板塊，飄浮在黏稠的岩漿上，不是向彼此蹦撞（形成褶皺山脈），就是彼此分離（形成湧出岩漿的裂隙）。位在不同板塊上的北美洲與歐洲，彼此間的距離每年會拉開約兩公分，這差不多是人類腳趾甲生長速度的兩倍。而除了幾個科學家以外，沒有人會注意到這點。然而，在一千萬年的時間裡，這卻能積累成兩百公里，或許以地球歷史的尺度來看，這不過是轉瞬之間的事。整個過程就只有這種移動偶爾停滯，然後膠著住的板塊又掙脫開來時，才會以地震的形式產生震動讓我們注意到。

關於這點，還有個重要的問題：不同區域之間，是否存在不同的演化速度或方向？畢竟相對於有些地區還面臨著嚴苛的淘汰作用，例如饑餓與疾病；有些地區，特別是工業國家，則窮盡所有資源來減緩淘汰作用。

然而，看似有益於個人的事，長遠來看，卻可能為一個區域的全體居民帶來弊病。因為克服了糧食不足與傳染病的問題，也等於關掉了兩個最重要的、且至今仍不斷改變我們基因的演化要素。對於這些國家的人來說，他們在這方面的演化，事實上進入了停滯狀態；或許好幾千年後，他們還會在基因上，被那些來自低度發展區的人超越。

但以目前看來，這種發展趨勢是可以排除的，因為人類無與倫比的移動性從中起了作用。現代人口的遷徙行動，使區域間的差異愈來愈模糊；今天大多數的人，祖先其實是來自別的國家。想想古羅馬人吧，他們的基因必定也出現在我們當中的許多人身上，而且不只是羅馬人，也有愈來愈多的中國人、尚比亞人或墨西哥人，在歐洲人與美國人的遺傳因子上留下印記。

因此地球人口在基因上再也不可能漸行漸遠，更別說要發展出更多人種，這點目前至少可以排除。新人種的形成需要長時間與其他人種隔離，而在這個充斥著搭飛機旅行的觀光客與移民的時代，已經變成了天方夜譚。學者相信所有今天現存的人類，都可回溯到一個應該生活在十五到二十萬年前的母系共同祖先「粒線體夏娃」（Ur-Eva）*。不過從那時候起，逐步在膚色與其他特徵上發展出的歧異，已經消失得愈來愈快。這種現象，某些人可能會抱怨為多樣性的損失，但對另外一些人來說，卻將之視為是人類丟棄以出身論英雄之陋習的大好機會。

然而演化的走向，也可能與我們所認定的方向完全不同。要說明這點，可得勞煩一下我們來自尼安德塔、九泉之下的先人。這些肌肉強健的石器時代人，有顆腦容量與我們相似的腦袋。他們的文化相對來說非常進步：聚落裡有分工行為，能製作精巧的木柄石刀，以顏料在身

——譯註——

＊ 最早由一九八七年美國加州大學柏克萊分校 Rebecca Cann 和 Allan Wilson 研究指出，他們在分析只能經由母系世代相承的粒線體（細胞裡製造能量的胞器）DNA後，認為人類所有的族群可能都是遠古一位非洲女性的後代，「粒線體夏娃」則因媒體之報導而得名。

體上作畫裝飾，有埋葬死者的儀式，還擁有一種早已成為絕響的語言——這些都是他們日常生活的一部分。

科學家推測，智人（*Homo sapiens*）與尼安德塔人（*Homo neanderthalensis*）有幾千年的時間同時生活在歐洲大陸上。所以這些較晚來的現代人，可能也曾從他們粗枝大葉的鄰居那裡偷學過幾招；會不會甚至也有這種可能，尼安德塔人的智力已經趕上了當時的智人？學術界對這個問題進行了討論，但是依我看來有些失之公允。早期的智人與今日的我們根本相差無幾，因此如果有人認為這個問題的答案是肯定的，無非意指我們這「萬物之靈」的名號得與另一個物種共享。只是演化後來把這頂皇冠，傳給了腦容量一樣大、但行為更具侵略性的我們（畢竟我們取代了尼安德塔人，甚至還可能是以把他們當食用肉吃掉的方式來取代[70]）。不過，有些人反對這樣的假設，但要中立客觀地討論這件事，目前尚無可能。

人們總是以在出土遺址所得到的有限證據，來認定尼安德塔人的智力也就是這麼有限。他們的舌頭下方有一小塊骨頭，也就是可發展語言能力的舌骨，那是能夠說話的一個先決條件；此外被視為是發展口語溝通能力不可或缺的特定基因 FOXP2，他們身上也有。不過以上顯然還是不足以做為尼安德塔人能說話的科學證據，只能說他們的身體具有說話的「先決條件」。由此看來，我們大概也只能將他們頭骨上眼窩的存在，單純視為是他們「有眼睛」的證據，至於尼安德塔人是否真的有辦法「看」，同樣也沒有能人拍胸脯掛保證。

而他們較大的腦容量，則經常被解釋為是適應寒冷或體重較重的結果，這麼說來，今天在體重與肌肉分量上與他們近似的人，大概也「只有」像尼安德塔人那樣的「腦袋」。

科學上的另一個教條在幾年前也不攻自破了，它說的是尼安德塔人與現代人並沒有血緣關係，因此在我們的基因裡，沒有一丁點來自這些粗笨先人的遺傳。可是隨著人類基因組的解碼，令人意想不到的事也不斷發生，尼安德塔人至少有一部分在視覺上復活了；原因是科學家目前認為，所有祖先並非源自非洲的人當中，身上都有百分之一點五到四的遺傳因子來自尼安德塔人。[71] 所以，我們的祖先原來並不是來自非洲嗎？

是的，第一直覺通常錯不了。人類這些已經滅絕了的表親，確實仍然以膚色與眼球的顏色在向我們致意。淺色的皮膚、藍色的瞳仁——根據目前的研究，這是尼安德塔人適應北方的生存空間的結果。因為此處日照輻射沒那麼強，所以在體內備有棕色防曬物質變得多餘；而且，即使與南方來的膚色較深的新移民混血，這個優勢基因還是會顯現在他們的新生代身上。不過這種混血也產生了其他至今仍活躍著的特質，例如容易憂鬱或對煙草上癮。[72]

反之亦然，尼安德塔人身上同樣找的到我們的基因，而這種可能性長久以來也深受摒棄。大約在十萬年前，現代智人與他這個現在已經滅絕的表親相遇，而且有了親密關係；這關係是如此親密，即使是在於阿爾泰山脈出土的尼安德塔人骨骸裡，都找得到這種相會所留下的痕跡。[73]

尼安德塔人研究的典型特徵是：學術界對這個人種所承認的事實，從來都只停留在「依據當前研究結果，再也否認不了」的那麼多。難道就不能開誠布公，承認「我們已知的是這些，其他則證據（尚且）不足」嗎？這使我不禁懷疑：我們只是單純不希望世界上有其他像我們一樣聰明的生命，而且此一信條絕不能有所動搖。不是因為有人禁止，而是我們的直覺總以一種「絕不可能！」的強烈反應來抗拒這麼做。對此，英國地質學家史蒂夫·瓊斯（Steve Jones）的見解倒是滿吻合的，這位學者在二〇〇八年的《世界報》（*Die Welt*）上發表了他的理論——身為萬物之靈的人類已經演化完全。此觀點還真是令人匪夷所思。

因為對於每一種物種的未來，自然界只認得兩條路：不是適應、就是滅絕。而這種改變（要緊的也正是這點），也會作用在其心智能力上。再澄清一次：演化的意義在於「適應改變」，並不代表非得繼續發展得更好，或者有顆腦容量更大的頭。

在美國就有學者認為，我們強大的思考器官絕對也有它的弊病。他們比較了人類與猴子細胞的自我破壞機制，這種機制的作用是讓老舊或損壞的細胞得以被摧毀，而其結果是：猴子的自淨機制顯然要比我們的有效得多。研究人員相信，細胞衰變率的減緩，使人類有辦法發展出細胞彼此連結度提高的較大腦容量。

不過變得更聰明的代價可能有點高，因為這個自我破壞機制同時也能清除癌細胞。[74]相對於猴子幾乎從不會得到癌症，這個疾病卻是人類最常見的死因之一。所以我們所換得的思考能力，反而是一種得不償失嗎？假若目前人類的智力與生存之所需不相容，它就有再增進或減低的必要。而後者從我們自我認知的角度來看，似乎是無法接受的。

但是我們今天所擁有的這許多聰明才智，對個人生活品質真的是必要的嗎？哪些事物對我們的生活很重要？那裡面肯定有快樂、愛以及安全感，還有日常生活中的那些小確幸，像是一頓美食、一個溫暖乾爽的家或其他種種的舒適美好。你注意到了吧，那總是關於感受與直覺，而非智力上的頂尖成就。若是到了西元五萬年，人類還能過著充實的生活，必定是因為他們在那之前，已經讓自己適應了那永遠在變動中的環境條件，而不在於他的腦容量有多大。而且他們也一定會如此發展——畢竟沒有誰能掙脫得了這自然的網路。

那座古老的大鐘

我們只需要對森林放手，而且面積愈大愈好。

雖然比起精密校準過的機械壁鐘，自然界鐵定要複雜得多，但我還是想回到前言所提過的那個例子。我們已經從許多實例裡，見識到若是未經考慮就從中取出一個小齒輪，會有何種後果。如同這個測量時間的儀器會發生的連鎖反應一樣，整個系統可能都會因此而改變。那如果這口鐘真的因此壞掉，而我們還是想將它修好，會發生什麼事呢？自然具有某種程度的自我修復能力，這便是其中一件事。

再者，則是時間的問題。某些在自然進程上需要幾百年、甚至幾千年才能完成的事，只要藉助一點人為的力量，可能就會快上許多，難道不是嗎？尤其是我們喜歡看到成效，這也經常就是癥結所在：我們喜歡親身體驗事情已經好轉的感覺。放棄使用化石燃料或塑化材料有什麼用，如果我們努力的成果，要到曾孫輩時才體驗得到？因此，為了快速達到正向改變的目標，人們會斷然介入。不過在我們著手進行這座環境時鐘的修復工作時，還會出現一個棘手的問題——要怎樣才能確定它真的是壞了？

松雞，就是一個這樣的修復案例。這種很有分量的雞形目動物（依性別不同體重約為四公斤）生活在寒帶針葉林裡，換句話說，北方的雲杉林與松樹林是牠的老家。在那裡，牠以昆蟲、以及對其更重要的藍莓葉與果實為生。當我和家人在瑞典拉普蘭地區的森林裡活動時，這種灌木隨處可見；而在山中健行的路上，也時不時能見到松雞的身影。每當有一隻通過我們面前的小徑，我們自然都興奮不已，即使這在斯堪地那維亞北部，根本也不是什麼大不了的事情：松雞在那裡是可獵捕的野生動物，經常出現在當地人家廚房的鍋爐裡。這點與對牠們嚴加保護的中歐地區完全相反，松雞在中歐這裡的生活空間相對狹小，因為面積夠大且長有藍莓灌木叢的天然針葉林，只在阿爾卑斯山區才有。以氣候條件來看，那裡就是個小北歐，高山上的冬天既漫長又惡劣，因此對闊葉樹來說過於嚴苛。換句話說，在中歐山區緊臨著森林線的邊緣，也住了一些松雞。而不用說也知道，這樣的迷你族群特別脆弱，只要其中有幾隻遭遇不測，就足以讓牠們從某處完全消聲匿跡。

中世紀時的情況，明顯對松雞來說要有利得多，當時人們墾伐森林，使地貌成為半開放狀態，而大量的藍莓灌木隨後也蔓生其中。今天在許多人工針葉林裡，尤其是松樹林都還見得到小藍莓灌木的蹤影，生長在樹蔭下的它們雖然經常結不了什麼果實，卻仍然在訴說著一段古老的時光，一段因大量伐木與森林隨後的稀疏透光，而有過的較好時光。

也正是這點對松雞而言來得很及時，牠因此可以在中歐繼續繁衍，移居到原來根本不是牠分布領域的生存空間裡。隨著現代林業的開始，森林的經營理念又有了變化。人們在草地及農地上造林，被掠奪的森林得以喘一口氣，並再度變得茂密。取代景象單調蒼涼的針葉栽培林，更多闊葉樹現在也回來了，而它們腳下的地面，明顯地要比松樹林更陰暗。於是藍莓與其他灌木前景堪憂，那些會搭蓋蟻丘的林蟻也一樣，因為牠們只能以針葉為材料，也需要溫暖的日照，來讓自己的身體達到啟動溫度。

德國本地的原始植被，也就是山毛櫸森林的復興，令人遺憾地卻為松雞和藍莓這種追隨人類活動而來的物種帶來了末日。這很糟糕嗎？不，其實不會。因為這些物種只不過因此又被推回了牠／它原來的老家，而我們山毛櫸森林裡的那些罕見住民，相對地也重新回到了自己原有的生存空間。

所以最後我們原本可以這樣說，一切都慢慢恢復了平衡。「原本可以」。不過現在不論是官方或民間的自然保育者都出手干預了，而我們又回到了這座大鐘的問題：它真的壞了嗎？有哪裡需要修理嗎？可惜根本沒有人提出這些問題，至少在大規模的尺度裡沒有。是這樣的，在一度到處都是闊葉林的黑森林區，松雞被認為是特別具有保護價值的動物；人們大費周章地伐木疏林，在某些地方甚至進行了焚林，只為幫藍莓灌木取得它生長需要的開放空間。然而我們本土的森林住民，例如那些喜愛昏暗光線的步行蟲科甲蟲，卻身受其苦，牠們所遭受的待遇根本無法同日而語。

對松雞體型較小的親戚花尾榛雞（Haselhuhn）來說，情況也很類似。因為花尾榛雞在德國已確定瀕臨絕種，所以僅僅是在一個工程計畫區裡發現牠的羽毛，就足以構成立即全面停工、並徹查的理由。在我家所在的埃佛區，最早的地貌完全是由原始闊葉林所構成，如果不是那些在此定居墾伐的人，用放牧牛群製造出大面積的刺柏荒野，這種體型較小的雞，根本永遠都不可能出現在這裡。在這個樹木生長稀疏的群落生境裡，類似的條件在瑞典北部森林區也有，花尾榛雞過得如魚得水。可惜的是，這裡的森林同樣在休養生息後慢慢復原，而那刺柏荒野所需要的「光」，也因此熄滅了。

現在這件事匯集了各方的關注。急於幫助這些飛禽的自然保護者，支持主動營造牠們的群落生境，也就是更大舉地進行疏林。這麼做可使地面得到更多光線，作為花尾榛雞食物基礎的灌木類植被，才可能重獲生機。

對此林務機關則自願提供服務，熱心地伸出了援手。我們是不是應該重拾過去那種矮林經營方式呢？那是形成於幾百年前，且純粹出於應急的一種老式林業管理方式——在作為最重要建築與燃料來源的木材愈來愈短缺的情況下，人們幾乎沒有多少時間可讓樹木變老。山毛櫸樹與橡樹最後經常在樹齡二十到四十歲間（而不是一百六十到兩百歲）便被砍伐，因為人們再也沒有時間等待。幾公頃的林地會就這樣被全部砍光，然後新芽會從它們殘餘的樹樁上冒出，不到幾十年後長成細瘦的枝幹再同樣被採伐。

因為當時許多森林都遭受了這種蹂躪，那布滿光禿區塊的狀態，幾乎與一張殘破不堪的地毯沒什麼兩樣。而花尾榛雞在這裡待得舒適極了——牠們可是好好地享受了這景況；不過基於林業經營的合理性與嚴格的法令，這種林木利用方式被禁止了。至少在生質能源的熱潮，引發現代木材短缺的窘境發生之前。這個被歌頌為「歷史管理方式之再生」的新皆伐政策，同時還幫了那些小雞一把，[75]豈不是兩全其美。

充滿懷舊情懷的伐木與自然保護？才不，那始終是手段殘暴的皆伐，而且改由好幾噸重的自動伐木機來執行。之後這裡再也無法形成真正的森林，而那些被別有用心地利用了的花尾榛雞，能否就此高枕無憂，還得先等許多案例的效果出來後才能知道。不過所有真正的森林物種，像黑啄木鳥或身上帶著霧面光澤的黃粉蟲，可惜在這過程中全被虧待了。

第二個例子則是保持草地的開放性。草地是眾多禾草類與開花草本植物的生存空間，夏天時那裡繁花盛開，明豔亮麗的蝴蝶處處飛舞。這番盛況對許多鳥類也極具吸引力，因此落腳的鳥種繁多。然而，因為農業活動變得更集約，這種多樣性也受到了威脅。生物氣體產業對原料的需求暴增，導致玉米價格看漲，於是幾乎每一塊閒置的土地又重新被耕種，然後變成景觀單調的玉米田沙漠。而在那些看似田園風光依然大行其道的角落，森林已經摩拳擦掌，要奪回它最後僅剩的小溪谷與河灘失地。

因此整個情勢看來對草地景觀不太妙。但人們接下來著手的不是調整農業土地利用，而是讓草地與森林來相互牽制，這表示，若想保留草原物種，該讓步的是樹木，而不是農作物。他們所採用的方法大多很溫和，例如由我們前面提過的赫克牛來執行這項任務。牠們理應展現出歐洲原牛再復育後的面貌，原牛是我們的原始野牛種類，曾經一度四處漫遊在河灘上。可惜這樣的育種，並無法讓滅絕生物起死回生，只在外觀上勉強以假亂真地複製回一些。

換句話說，赫克牛其實跟一般家牛沒什麼兩樣，只不過是穿上原牛的戲服來登場。而這麼做有一個好處，人們讓這些動物在溪畔草地漫步吃草，在視覺上牠們傳遞了一種印象——一個既健全又美好的世界。然而，事實上這什麼都不是，不過是一種特別的「農業型態」，其加深了一種普遍的誤解：草原（草地景觀即草原）是我們自然生態系統的一部分。

我們的周遭，一度到處都覆蓋著原始森林，只有在碰到高山或沼澤時才有所中斷。而在那許多色彩繽紛的開花植物與蝴蝶中，絕大部分都可視為是人類活動的追隨者，只能在我們的祖先砍掉森林時，才有機會在這裡站穩腳步。至於我們為什麼經常特別喜歡這種無樹的環境，有個很簡單的理由：從生物學的角度來看，人類屬於「草原動物」，在一個我們有能力克服廣大空間距離的環境中，我們會覺得比較有安全感。

還記得前面提過的巨型食草動物理論嗎？牠們最終還是必須在這裡再次被當成藉口，以使人們在將自然保護與地景美學混為一談時，態度會更傾向於有利後者的這一方。然而，只要我們放手讓一切自然發展，溪流的左右兩側便會再度形成河岸森林，它或許不會引來開花植物與蝴蝶，但卻會有幾萬種其他物種，能在此找到一個重要的生存空間。

不妨再想想我們提過的樹液食蚜蠅吧！牠在不久之前根本還無人知曉，如果赫克牛在那裡吃掉每一棵發芽的小樹，製造出草原景觀來取代濕潤的森林，這種食蚜蠅會早在被認識前，便已無聲無息地消失。我們對大自然這部測時儀器尚未真正了解，而只要這種狀態持續著，我們就不該試著去修理它。

在這裡我要特別強調一點：我一點都不反對以特別的手段來幫助單一的物種，即使是像花尾榛雞或松雞這種在意義上屬於人類活動追隨者的生命。假若這個物種在過去來到我們這裡，且目前在全球瀕臨絕種，那我們就（也只在這種情況下才）應該特別為牠／它做些什麼，即使這麼一來，可能會把我們本土森林生態的一部分攪得天翻地覆。但假若這樣的全球性危機並不存在，那任何介入這個複雜結構的行動，都該被禁止。

我們對紅鳶所提供的協助，就是個可接受的例子。紅鳶是種猛禽，雙翼展開後，寬達驚人的一百八十公分。我們完全可將其視為是人類文化景觀下的絕對受益者，而且可以確定的是，牠在中歐本來覆滿原始森林的環境中非常罕見。紅鳶需要四界開敞的地貌，才能在滑翔時搜索小型哺乳動物、鳥類或昆蟲。因此人類對土地的墾伐正合牠的心意：我們這種兩腳動物所創造出的草原環境，為牠提供了絕佳的狩獵可能性。

紅鳶的適應力有多強，每年夏天我們都能在草地上觀察到。只要農人開著曳引機來割草，多半也會看到一隻跟在他身後的紅鳶；牠會伴隨著那機器飛行，搜索著被不幸輾過的老鼠或小狍鹿。全世界的紅鳶族群絕大多數分布於德國，數量已達兩萬五到三萬隻，但在其他地區卻在銳減當中。所以如果我們從現在起，完全只把保育重點放在本土植被、即原始森林上，就等於是對這種鳥類中的大多數宣告末日。既然紅鳶在德國找到了另一個故鄉，且在這裡也比較沒有瀕危的風險，因此理應繼續得到援助，以使這種現況能維持不變。而透過保護耕地與牧草地面積都較小的小農地貌，尤其有助於達成這個目標；此外，也很重要的，是要保留上頭有哺育幼鳥巢穴的老樹，以它為核心劃出保護圈，停止當中的林業活動。

且容我提醒一下，這裡所談論的是那些故意介入自然運作的行動。至於無意中介入的干擾，其實隨時隨地都在發生，在此我只想以地貌較開闊的地區來舉例說明。我們在大部分的這些土地上，以穀物、馬鈴薯與蔬菜來排擠本土植物（樹木），所有這些農作物的共同點，就是它們都並非本土物種。即使在我們僅剩的森林裡，也有很大一部分的面積是由外來樹種組成。所以如果我們至少能在保護區裡讓大自然當家作主，不該是美事一樁嗎？

假若直到現在，你還認為不是本來就是如此嗎，那不妨去看看那些自然保護區與國家公園的相關資料。那裡面只充斥著養護與發展計畫，而割草機、電鋸與大型重機，會極其勤快地將其加以執行。盡可能在這裡拯救許多本土森林樹種的結果，是視覺上既不美觀，功能上也缺乏生態意義。如今我們已經見識到，人類大部分的修復嘗試都是徒勞無功，所以為什麼不乾脆相信已運作數百萬年的古老機制呢？何況其向來都在沒有人類的情況下，運作得很好。

在那些來自世界各地有關森林破壞的壞消息裡，也逐漸多了一些令人振奮的聲音。愈來愈多人想要保留森林，並造出新的森林，然而正是後者引發了一個問題：這個極度複雜的生態系統到底有沒有辦法再造？就這點而言，給了我們一絲希望的偏偏就是巴西的雨林。它被認為在遭遇人類文明所引發的變動時特別脆弱，而原因就在它已有年歲的土壤。這裡的「已有年歲」，指的是從某個地質時代起，就幾乎不曾發生過變動：部分地區自第三紀以來，就不曾發生過造山運動，也就是說，最晚從兩百六十萬年前開始，就幾乎不曾因岩石風化而有過土壤侵蝕或新生。所以這裡即是是在很深的土壤層裡，都呈現著這種波瀾不驚的狀態，而所謂的很深，可達驚人的三十公尺。

相較之下，我林區裡所量到的土壤層，大多只有六十公分厚，而且不僅往下就只有碎石，即使是土壤的較上層，也夾帶有不少石塊，但在亞馬遜雨林裡的許多熱帶土壤中，幾乎都完全分解到最小顆粒。聽起來很肥沃吧？

事實卻完全相反。因為那數十萬年來不斷暴露在降雨中的土壤，已經流失了大部分的養分；下滲的雨水讓養分被洗出到植物的根所無法觸及的深處。如此說來，那今天在這個緯度帶，物種豐富及草木怒生的景象，豈不是與事實互相矛盾？這之所以成為可能，是因為森林早已將那些養分捕捉進系統中，也就是藉由昆蟲、真菌與細菌大軍的啃蝕與消化，讓死去的生物量不斷化為養分，繼續回到自然循環中。每段朽壞的樹幹，每片被昆蟲吃掉、然後再以腐植質排出的樹葉，都會再次把它們所儲存的礦物質釋放出來。這些養分會立刻被植物饑渴的根所吸收，並重新成為活著的生物量的一部分。

若是把這樣的森林砍除，這個養分的循環便會戛然而止。焚林火耕會留下許多灰燼，灰燼雖與濃縮的養分沒什麼兩樣，但現在卻毫無遮蔽地暴露在熱帶經常性的驟雨之下，然後被河水一去不復返地帶走。

基於這些原因，焚林之後的農業活動經常只在短期內有利可圖——基本上就是在灰燼那猛烈但短命的肥料效應煙消雲散之前。要想在這樣遺留下的貧瘠土地上再度造林，似乎是不可能的事，即使種下的樹真的活了下來，也必須為生存艱苦奮鬥。不過恢復真正帶有數百萬物種的熱帶多樣性之前題，是所有的真菌、昆蟲與脊椎動物也都能重返，然而牠／它們所需要的那些特別條件，使重返幾乎變成不可能。還是說，情況未必如此？

讓我們再回到伐木後的原點。森林消失、地力也耗盡了，而當養分永遠消失在地底深處，或是隨著雨水沖刷到附近的河流，要怎樣才能重燃希望呢？畢竟自然界並不存在這樣機制，能把養分再度從地底下抽出，或者是從遠方的海洋送回來。不過情況也並非完全令人絕望，這些被掠奪的土地未必只有變成荒漠一途。

在礦物質這方面，就有某種來自撒哈拉的急難救助。那裡有著能將數量驚人的土壤微粒捲到空中的沙塵暴，它會將這些微粒送進高空，然後把它們從非洲運送到南美。南美經常性的強烈降雨會把沙塵再度洗出，土壤的沃度也會因此增加。每年這樣來的沙塵總共將近三千萬噸，其中單就強效的植物肥料「磷」來說，約有兩萬兩千噸。

美國馬里蘭大學地球系統科學綜合研究中心（ESSIC, University of Maryland）的學者[76]分析了整整七年的衛星影像，想盡可能準確估算這些沙塵的量。研究人員發現其數量雖然變動很大，結果卻與原有的推測八九不離十，也就是說，南美洲持續從空中得到的肥料，能補償因雨水而流失的土壤養分。

不過這種作用只對完好無缺的森林有效。一旦森林遭到砍伐，礦物的耗損率便驟然上升，似乎陷入惡性循環。但情況真的是如此無可救藥嗎？其實倒不會。能夠向我們證明的，正好也就是亞馬遜地區皆伐的例子。因為在大規模砍除原始森林後，意外發現了聚落遺跡，而且是人類的聚落遺跡。

巴西聖保羅大學（University of São Paulo）由珍妮佛．瓦特林（Jennifer Watling）所帶領的研究團隊，在巴西的阿克里州（Acre）發現了四百五十處地畫（Geoglyphe）*，地畫是會改變地貌的幾何圖案，在此例中是溝渠及牆壁等結構物。這些地畫分布在一萬三千平方公里大的土地上，要想將之創造出來，一定得先砍伐森林才能辦到，不過當時的原住民顯然非常小心謹慎。研究人員無法確認他們是否進行過較大規模的皆伐，但也有可能是他們有種持續了幾千年的森

——譯註——

＊意指「地球表面的繪畫」，知名者如位於秘魯納斯卡沙漠上的巨大地面圖形——「納斯卡線」，有著蜘蛛網般縱橫交錯的線條及圖形，為人類重要文化史蹟。

林管理方式。且慢，「確認」？幾千年前的皆伐規模，要怎麼「確認」呢？

一種微小的二氧化矽顆粒，也就是所謂的植物矽石（Phytolithe），此時就派得上用場了。這種小石子或結晶顆粒依植物種類而異，但更重要的是，與很快就會腐爛的有機物質不同，它幾乎可說是金剛不壞。而透過不同植物矽石出現的頻率，我們就能重建過去一地的植被組成。

瓦特林與她的團隊發現，在原住民改變當地森林的那四千年裡，作為典形空地植被的禾草類植物，在比例上從未超過全部的百分之二十。但樹種的組成變化卻相當劇烈，例如既是食物來源、也是重要建築材料的棕櫚科植物，在建物四周就大量增長；即使在這些聚落廢棄六百多年後的今天，地畫附近的棕櫚科植物仍然十分醒目。

此研究結果令人振奮不已。首先，這種農林業活動的型態，也就是在同一塊土地上兼營農業與林業，顯然已經運行良久，而且沒有對環境造成太大損害。當時能做到，今天也應該可行，因此這指出了一條路：要保留盡可能多的森林，未必非得把人類排除在外。

其次，此處的森林在六百多年後恢復生機，讓科學家在此之前一直以為它是座原始森林，從未被人類染指過。這顯示出我們可以遠比過去更信任森林生態系統，就這點而言，我前面說過的「一去不復返」也應該刪掉。

最後，讓我深感興趣的，則是一則氣候的論述。那些定居於此的原住民，在廣大的土地上經營著半農半林的經濟系統，而當他們消失時，那片廣大土地上的森林也到處同時恢復了。面積較小的農業用地，很快長滿了樹木，整體來說，森林再度變得茂密，並以巨大樹幹的形態吸收大量碳素。空氣中被吸收掉的碳素量是突然如此龐大，使研究團隊相信，要引發全球集體變冷的小冰期（而非以往所說的火山噴發），這完全是有可能的。[77]也就是說，從十五世紀到十九世紀初的這段時期，全球氣溫降低，夏天多雨偏冷，冬天嚴寒漫長，農穫歉收且饑荒四起，這是亞馬遜地區的雨林休養生息所引發的嗎？

當然沒有人希望再發生饑荒，不過人類當前的問題不是寒冷，而是愈趨嚴重的暖化。而現在有一個好消息：我們不僅能贏回原有的森林，還能將氣候發展帶往正確的方向。而且我們什麼都不用做，恰恰相反！我們只需要對森林放手，而且面積愈大愈好。

科學用語

不帶情緒的語言，到底是否符合人性？

我喜歡說故事，也喜歡彈烏克麗麗，後者一直到今天，我都沒有特別出色，至於前者現在可有些不同了，而原因是在於公眾的回饋（或許也包括現在拿著書的你）。我還記得，我一九九八年的電視處女秀，當時我在森林深處帶領生存訓練課程，學員只帶著睡袋、杯子與小刀，並以此度過整個週末。這個題材，無論電視和報紙都會見獵心喜（關鍵字：「吃蟲的森林看守人！」），所以接著便有西南廣播電臺（Südwestfunks）的攝影小組來到我的林區，採訪了學員，當然還有我。

我認為自己可說是勇氣十足地接受了挑戰，之後在林務站的宿舍裡，還自豪地與全家一起觀賞《本邦新聞》（*Landesschau*）的報導，不過我沒有得到任何讚歎，他們很快就全都只在關心著，我每一句話裡都會冒出好幾次的「呃……」。「你又來了，爸爸！」孩子每隔幾秒鐘，就會興致高昂地大喊一次，而我則隨著他們每一次的評語，愈發意興闌珊，到最後心情簡直糟透了。但也因此在日後的訪談中，我總會特地留意，以避開這個令人尷尬的「呃……」，於是慢慢也能得到一些讚美。

在我進行過的許多森林導覽中，情況也很相似，它們的主題可能是「符合生態理念的森林經營」，或是介紹我們的樹葬森林。雖然不會有人糾正我的語病，但會一直有人提問。而且，我也會因此留意到，我對自己心心念念的美好森林生態與它所面對的威脅，是不是說了太多的專業術語，還是表達得過於生硬與呆版。聽眾對演講的反應，雖然比較微妙隱晦，但也容易令人難堪：一旦有人的眼皮開始掉落，我就知道自己說得太無趣了。幾年過去，我的語調更有感情、更能反映我當下的心境，或許應該說，現在的我更敞開心胸，是用「心」、而不是用腦在說話。

總有參與者在導覽結束後，想知道我所介紹及說明的這一切，之後還能在那裡讀到，可惜我也總是只能帶點遺憾地聳聳肩。接著不知從何時開始，妻子也開始催促我至少要寫個幾頁，才能有些書面資料，提供給感興趣的人。但我當時真的是一點興致都沒有，甚至還有朋友自告奮勇，要在我導覽時，帶部錄音機隨行，然後再將內容整理成書。呃……這我其實也不怎麼有興趣。

終於在一次到拉普蘭度假的期間，拿著筆記本與鉛筆，我讓自己坐在露營車前，開始把導覽內容化為文字。我心裡是這樣打算的：如果到年底前，還沒有出版社想把它印出來，那寫作這回事對我來說，就算確定終結啦。然而，出乎我的意料之外，Adatia 這間小出版社（現已歇業）出版了我的第一本書《沒有看守人的森林》（*Wald ohne Hüter*），直到那時我還想著，事情就到此為止了吧。但一年一年過去，我寫出更多的東西，慢慢地寫作也開始帶給我真正的樂趣。

遺憾的是，我再也不能與其他林務人員，一起從專業的角度討論我們處置森林的方式。我後來才明白，從遊說人士的觀點來看，不要公開討論敏感的話題，才是最明智的。然而，最晚在我出版《樹的祕密生命》這本書時，來自專業人士與林業圈的批評聲浪愈發強大。因為他們所面對的壓力昇高了，這些壓力來自這段期間規模已不容小覷的讀者群，讀者不斷提出質疑，為什麼在森林裡這種劇烈的大型機械行動是必要的。

不過，大部分林業界的批評，並未把焦點放在我的主張上，他們的箭靶另有所指：我的語言太情緒化了，樹木與動物在我的描繪中被擬人化，這在科學上是不正確的。

可是一種不帶情緒的語言，到底是否符合人性？我們的行事不有一大部分是透過感情嗎？難道我們只准這樣描寫自然——以生物化學式來呈現所有的過程，同時盡可能地解析所有細節，以讓人產生這樣的印象：動、植物都是全自動且基因已程式化的生物機器？要這樣描繪人類自己所有的感覺與活動也可以，但它卻無法表達那些發生在我們體內以及豐富我們生活的精彩。

對我來說更為重要的，是讓事實真相變成可以在情感上領會，並讓你能在大自然的國度裡，以所有的感官來接收它。因為如此一來我才特別能傳達一個訊息：這些與我們共享地球的生命以及牠／它們的祕密，無不令人滿心歡喜。

謝辭

大自然的網路是如此複雜多面，絕不會甘於被壓縮在一本書的封面與封底兩片薄紙之間。因此我必須選出一些讓人印象特別深刻的例子，並加以連結，讓讀者能一窺自然的全貌。在這一點上，我的妻子米利暗（Miriam）助益良多。她總是帶著批判性地反覆閱讀我的文稿，在一些構思還不夠成熟的段落上，毫不猶豫地直指痛處，這讓我在尋求改善時，視角更加敏銳。

我的孩子卡瑞娜（Carina）和托比亞斯（Tobias），一如既往地總是我靈感的泉源。許多在書中佔有一席之地的新觀點，就是在早餐桌上或電視機前（此時電視已淪為電子壁爐裝飾）無止盡的討論中被激發而出。

我在胡默爾鎮森林學院的同事 Lidwina Hamacher 與 Kerstin Manheller，也讓我完全沒有後顧之憂。在我寫這本書的同時，我們正處於曠日費時的學院奠基階段；而當我忙於趕稿時，她們兩位總是二話不說，一肩挑起我在行政上所負責的工作。

若不是因為出版社打從一開始就認為，我所傳達的訊息，也應該要讓我林區訪客之外的人聽見，「樹木－動物－網路」這一系列的概念，大概也就不會成形。而在這一路所有出現過的大小事務上，總有我的經紀人Lars Schultze-Kossack在一旁支持相助。

另外，路德維希出版社（Ludwig Verlag）的Heike Plauert 也讓事情變得容易許多，她給了我全然的信任，簡直是放手讓我發揮，這種模式很適合我：我會同時寫一本書的好幾個地方——這對某些人來說，或許是個要習慣才能接受的過程。我的編輯 Angelika Lieke 則協助我以更細膩的感受，將文章加以修飾潤色。

公關部的 Beatrice Braken-Gülke 則幫忙協調媒體，雖然我很樂於回答所有的提問，但感謝她讓我得以有一絲喘息的機會。

參與這個過程的人還有許多，可惜我根本沒辦法在這裡一一致謝：從印刷廠、行銷部門，一直到書店，他們全都盡了力，才能讓你手中，如今能握著這本書。為此我也想誠摯地表達謝意——感謝你從浩瀚書海裡選中了這本書，並與我共享了一趟穿越自然之旅。

1 http://www.yellowstonepark.com/how-many-wolves-yellowstone/, abgerufen am 24.01.2017
2 Ripple, William J. et al.: Trophic cascades from wolves to grizzly bears in Yellowstone, in: Journal of Animal Ecology, British Ecological Society, 2013, doi: 10.1111/1365-2656.12123
3 Der Lübtheener Wolf wurde gezielt erschossen. Pressemitteilung der Umweltorganisation NABU vom 21.12.2016, https://www.nabu.de/news/2016/12/21719.html, abgerufen am 24.01.2017
4 Holzapfel, M. et al.: Die Nahrungsökologie des Wolfes in Deutschland von 2001 bis 2012, http://www.wolfsregion-lausitz.de/index.php/nahrungszusammensetzung, abgerufen am 05.10.2016
5 Aussage von Olaf Tschimpke, Präsident von NABU, in der TV-Sendung »Hart aber fair« vom 23.01.2017, ARD
6 Middleton, A.D. et al.: Grizzly bear predation links the loss of native trout to the demography of migratory elk in Yellowstone, in: Proceedings of the Royal Society B, biological sciences, published 15 May 2013, doi: 10.1098/rspb.2013.0870
7 Gende, S. und Quinn, T.: Bären als Umweltschützer, in: Spektrum der Wissenschaft, Ausgabe Dezember 2006, S. 60–65
8 Robbins, J.: Why Trees Matter, in: The New York Times, Ausgabe vom 11. April 2012, http://www.nytimes.com/2012/04/12/opinion/why-trees-matter.html, abgerufen am 31.01.2017
9 Reimchen, T. und Hocking, M.: Salmon-derived nitrogen in terrestrial invertebrates from coniferous forests of the Pacific Northwest, in: BMC Ecology 2002, S. 2–4
10 Wolter, C.: Nicht mehr als dreimal in der Woche Lachs, in: Nationalpark-Jahrbuch Unteres Odertal (4), S. 118–126
11 Quatsch angefangen, in: Der Spiegel, Ausgabe 38/1988, S. 39 und 44
12 http://www.arge-ahr.de/tag/kormoran/, abgerufen am 28.01.2017
13 http://www.uniterra.de/rutherford/ele007.htm, abgerufen am 29.01.2017

14 Oita, A. et al.: Substantial nitrogen pollution embedded in international trade, in: Nature Geoscience 9, 111–115 (2016), doi:10.1038/ngeo2635
15 Gende, S. und Quinn, T.: Bären als Umweltschützer, in: Spektrum der Wissenschaft, Ausgabe Dezember 2006, S. 60–65
16 http://www.spiegel.de/wissenschaft/natur/mikroben-ursprung-des-lebens-kilometer-unter-erde-moeglich-a-938358-druck.html, abgerufen am 01.02.2017
17 Grundwasser in Deutschland, Reihe Umweltpolitik, S. 7, hrsg. vom Bundesministerium für Umwelt, Naturschutz und Reaktorsicherheit (BMU) Referat Öffentlichkeitsarbeit, Berlin, 2008
18 Grundwasser in Deutschland, S. 19, hrsg. vom Bundesministerium für Umwelt, Naturschutz und Reaktorsicherheit (BMU), Referat Öffentlichkeitsarbeit, Berlin, August 2008
19 Sender, R. et al.: Revised estimates for the number of human and bacteria cells in the body, in: PLOS Biology, doi: 10.1371/journal.pbio.1002533, Januar 2016
20 Ohse, B. et al.: Salivary cues: simulated roe deer browsing induces systemic changes in phytohormones and defence chemistry in wild-grown maple and beech saplings. Functional Ecology, doi:10.1111/1365-2435.12717, online erschienen am 8. 8. 2016.
21 http://www.zeit.de/2008/13/Stimmts-Ameisen-und-Menschen, abgerufen am 31.01.2017
22 Jirikowski, W. (2010): Wichtige Helfer im Wald: hügelbauende Ameisen. Der Fortschrittliche Landwirt, Graz, (14): S. 105–107
23 Oliver, T. et al.: Ant semiochemicals limit apterous aphid dispersal, in: Proceedings of the Royal Society B, Vol. 274, Issue 1629, S. 3127–3132, London, 22.12.2007
24 Mahdi, T. and Whittaker, J.B.: »Do Birch Trees (Betula Pendula) Grow Better If Foraged by Wood Ants?« Journal of Animal Ecology 62, Nr. 1 (1993), S. 101–116
25 Whittaker, J.B.: Effects of ants on temperate woodland trees, in: Antplant interactions (ed. C.R. Huxley & D.F. Cutler), S. 67–79. New York, NY: Oxford University Press, 1991
26 Rosner, H.: The Bug That's Eating the Woods, in: National Geographic, April 2015, http://ngm.nationalgeographic.com/2015/04/pine-beetles/rosner-text, abgerufen am 09.02.2017

27 Gu, X. und Krawczynski, R.: Tote Weidetiere – staatlich verhinderte Förderung der Biodiversität, in: Artenschutzreport, Nr. 28/2012, S. 60–64
28 Gu, X. und Krawczynski, R.: Tote Weidetiere – staatlich verhinderte Förderung der Biodiversität, in: Artenschutzreport, Nr. 28/2012, S. 60–64
29 http://www.spektrum.de/news/die-rueckkehr-des-knochenfressers/1046860, abgerufen am 14.11.2016
30 http://www.club300.de/alerts/index2.php?id=203, abgerufen am 03.02.2017
31 Westerhaus, C.: Weibchen lassen Männchen während der Brutpflege abblitzen, in: Deutschlandfunk, Sendung vom 23.03.2016, http://www.deutschlandfunk.de/totengraeber-kaefer-weibchen-lassen-maennchen-waehrend-der.676.de.html?dram:article_id=349257, abgerufen am 17.11.2016
32 http://herr-kalt.de/unterricht/2013-2014/bio9a/sinnesorgane/themen/echoortung/start, abgerufen am 19.01.2017
33 Moir, Hannah M. et al.: Extremely high frequency sensitivity in a ›simple‹ ear, in: Biology Letters, Vol. 9, Issue 4, 23.08.2013, doi: 10.1098/rsbl.2013.024
34 http://www.laternentanz.eu/Content/Informations/Living.aspx, abgerufen am 19.01.2017
35 Meritt, D. J. and Aotani, S.: Circadian regulation of bioluminescence in the prey-luring glowworm, Arachnocampa flava, in. J Biol Rhythms. August 2008, 23(4), S. 319–29, doi: 10.1177/0748730408320263
36 Wertz, D.: Lumineszenz, S. 12, Diplomica Verlag, 2000
37 Eisner, T. et al.: Firefly »femmes fatales« acquire defensive steroids (lucibufagins) from their firefly prey, PNAS, 2. 9. 1997, Vol. 94, No. 18, S. 9723–9728
38 http://www.deutschlandfunk.de/globales-kommunikationsnetz-bei-zugvoegeln-die.676.de.html?dram:article_id=321788, abgerufen am 07.02.2017
39 http://www.bbc.com/news/magazine-31604026, abgerufen am 06.01.2017
40 Arnold, W. (2002): Der verborgene Winterschlaf des Rotwildes, in: Der Anblick, 2, S. 28–33
41 http://www.blick-aktuell.de/Bad-Neuenahr/Hohe-Rotwilddichte-imKesselinger-Tal-wird-zu-Problem-27341.html, abgerufen am 08.02.2017

42 Dohle, U. (2009): Besser: Wie mästet Deutschland?, in: Ökojagd, Februar, S.14–15
43 http://www.uni-goettingen.de/de/blüten-samen-und-früchte/16692.html, abgerufen am 21.08.2016
44 Hahn, N. (2002): Raumnutzung und Ernährung von Schwarzwild. LWF aktuell 35, S. 32–34
45 http://www.swr.de/blog/umweltblog/2008/10/18/sauenmast-im-westerwald/, abgerufen am 22.08.2016
46 http://www.regenwurm.ch/de/leistungen.html, abgerufen am 22.08.2016
47 Blome, S. und Beer, M.: Afrikanische Schweinepest, in: Berichte aus der Forschung, FoRep 2/2013, Friedrich-Löffler-Institut, Insel Riems
48 Bundesamt für Naturschutz (BfN): Artenschutz-Report 2015, Tiere und Pflanzen in Deutschland, S. 12, Bonn, Mai 2015
49 Der Wald in Deutschland, ausgewählte Ergebnisse der dritten Bundeswaldinventur, S. 16, Bundesministerium für Ernährung und Landwirtschaft (BMEL), Berlin, April 2016
50 Neue Tierart entdeckt, in: Pressemitteilung des Helmholtz-Zentrums für Umweltforschung UFZ vom 30.03.2005
51 Dressaire, E. et al: Mushroom spore dispersal by convectively-driven winds, Cornell University Library, 23.12.2015, arXiv:1512.07611v1 [physics.bio-ph]
52 Pietschmann, C.: Pilzgespinst im Wurzelwerk, Max-Planck-Institut für molekulare Pflanzenphysiologie, 21.12.2011, http://www.mpimp-golm.mpg.de/5630/news_publication_4741538, abgerufen am 15.02.2017
53 Möller, G.: Struktur- und Substratbindung holzbewohnender Insekten, Schwerpunkt Coleoptera-Käfer, S. 6, Dissertation zur Erlangung des akademischen Grades des Doktors der Naturwissenschaften (Dr. rer. nat.), eingereicht im Fachbereich Biologie, Chemie, Pharmazie der Freien Universität Berlin, März 2009
54 Möller, G.: Struktur- und Substratbindung holzbewohnender Insekten, Schwerpunkt Coleoptera-Käfer, S. 35/36, Dissertation zur Erlangung des akademischen Grades des Doktors der Naturwissenschaften (Dr. rer. nat.), eingereicht im Fachbereich Biologie, Chemie, Pharmazie der Freien Universität Berlin, März 2009
55 Naudts, K. et al.: Europe's forest management did not mitigate climate warming, in: Science, 5. 2. 2016, Vol. 351, Issue 6273, S. 597–600, doi: 10.1126/science.aad7270

56 Kirkby, J. et al.: Ion-induced nucleation of pure biogenic particles, in: Nature 533, 521–526 (26. 5. 2016), doi:10.1038/nature17953
57 Wengenmayr, R.: Staub, an dem Wolken wachsen, in: Mitteilung der Max-Planck-Gesellschaft vom 22.02.2016, Max-Planck-Institut für Chemie, Mainz
58 Dobbertin, M. und Giuggioloa, A.: Baumwachstum und erhöhte Temperaturen, in: Forum für Wissen 2006, S. 35–45
59 http://www.waldwissen.net/wald/klima/wandel_co2/bfw_schrumpfen_baumstamm/index_DE, abgerufen am 15.02.2017
60 Miller, G.H. et al. (2012): Abrupt onset of the Little Ice Age triggered by volcanism and sustained by sea-ice/ocean feedbacks, Geophysical Research Letters 39, doi:10.1029/2011GL050168
61 Kraus, D., Krumm, F., Held, A. (2013): Feuer als Störfaktor in Wäldern. FVA-einblick 3/2013, S. 21–23., oder http://www.waldwissen.net/waldwirtschaft/schaden/brand/fva_waldbrand_artenvielfalt/index_DE, abgerufen am 15.10.2016
62 Berna, F. et al.: Microstratigraphic evidence of in situ fire in the Acheulean strata of Wonderwerk Cave, Northern Cape province, South Africa, in: PNAS, E1215–E1220, 2. 4. 2012
63 Bethge, P.: Ich koche, also bin ich, in: Der Spiegel, Ausgabe 52/2007, S. 126–129
64 Wälder in Flammen, S. 33, hrsg. vom WWF Deutschland, Berlin, Juli 2011
65 Tagungsband Großtiere als Landschaftsgestalter – Wunsch oder Wirklichkeit? LWF-Bericht Nr. 27, S.3–5, Freising, August 2000
66 http://www.bund.net/themen_und_projekte/rettungsnetz_wildkatze/, abgerufen am 04.08.2016
67 Moore, J.R., M.S. Thorne, K.D. Koper, J.R. Wood, K. Goddard, R. Burlacu, S. Doyle, E. Stanfield and B. White (2016), Anthropogenic sources stimulate resonance of a natural rock bridge, Geophys. Res. Lett., 43, 9669–9676, doi:10.1002/2016GL070088
68 Laut Angaben der Welthungerhilfe, http://www.welthungerhilfe.de/fileadmin/user_upload/Themen/Hunger/Hunger_Factsheet_5_2015.pdf, abgerufen am 06.02.2017
69 Wilhelm, K.: HIV/Aids – ein Überblick, Berlin-Institut für Bevölkerung und Entwicklung, Oktober 2007, http://www.berlin-institut.org/online-handbuchdemografie/bevoelkerungsdynamik/faktoren/hivaids-ein-ueberblick.html, abgerufen am 06.02.2017

70 Ramirez Rozzi, F. et al.: Cutmarked human remains bearing Neandertal features and modern human remains associated with the Aurignacian at Les Rois, in: Journal of Anthropological Sciences Vol. 87 (2009), S. 153–185
71 Simonti, C. et al.: The phenotypic legacy of admixture between modern humans and Neandertals, in: Science, 12. 2. 2016: Vol. 351, Issue 6274, S. 737–741, doi: 10.1126/science.aad2149
72 Simonti, C. et al.: The phenotypic legacy of admixture between modern humans and Neandertals, in: Science 12 Feb. 2016: Vol. 351, Issue 6274, S. 737–741, doi: 10.1126/science.aad2149
73 Kuhlwilm, M. et al.: Ancient gene flow from early modern humans into Eastern Neanderthals, in: Nature 530, S. 429–433, 25. 2. 2016, doi:10.1038/nature16544
74 Arora, G. et al.: Did natural selection for increased cognitive ability in humans lead to an elevated risk of cancer?, in: medical hypotheses, Vol. 73, Issue 3, S. 453–456, September 2009
75 Beispiel der Darstellung der Niederwaldwirtschaft in der Werbung einer staatlichen Forstverwaltung: http://www.wald-rlp.de/de/forstamt-rheinhessen/der-wald-in-unserem-forstamt/niederwaldprojekt.html, abgerufen am 22.02.2017
76 Yu, H. et al.: (2015), The fertilizing role of African dust in the Amazon rainforest: A first multiyear assessment based on data from Cloud-Aerosol Lidar and Infrared Pathfinder Satellite Observations. Geophys. Res. Lett., 42, S. 1984–1991, doi: 10.1002/2015GL063040
77 Watling, J. et al.: Impact of pre-Columbian »geoglyph« builders on Amazonian forests, in: PNAS 2017 114 (8), S. 1868–1873, published ahead of print February 6, 2017

大西洋鮭 ｜ Atlantischer Lachs (*Salmo salar*)

大虎蛾 ｜ Braune Bär (*Arctia caja*)

大蠟蛾 ｜ Große Wachsmotte (*Galleria mellonella*)

大鱗鮭魚 ｜ Königslachs (*Oncorhynchus tshawytscha*)

山毛櫸介殼蟲 ｜ Buchenwollschildlaus (*Cryptococcus fagisuga*)

山松甲蟲 ｜ Bergkiefernkäfer (*Dendroctonus ponderosae*)

中穴星坑小蠹 ｜ Kupferstecher (*Pityogenes chalcographus*)

中斑啄木鳥 ｜ Mittelspecht (*Leiopicus medius*)

太陽蟲目 ｜ Sonnentierchen (*Heliozoa*)

尤加利樹 ｜ Eukalyptusbäumen (*Eucalyptus*)

月見草屬 ｜ Nachtkerze (*Oenothera*)

水櫛水虱 ｜ Wasserassel (*Asellus aquaticus*)

甲蟎 ｜ Hornmilben (*Oribatida*)

光菌蠅 ｜ Arachnocampa flava

吉丁蟲科 ｜ Prachtkäfer (*Buprestidae*)

灰鶴 | Kranich (*Grus grus*)

西川雲杉 | Sitka-Fichte (*Picea sitchensis*)

妖婦螢屬 | Photuris (*Photuris*)

扭葉松 | Drehkiefer (*Pinus contorta*)

角鮟鱇科 | Tiefseeanglerfisch (*Ceratioidei*)

刺柏屬 | Wacholder (*Juniperus*)

松毛蟲 | Kieferspinner (*Dendrolimus pini*)

松夜蛾 | Kieferneule (*Panolis flammea*)

狍鹿 | Rehe (*Capreolus capreolus*)

花尾榛雞 | Haselhuhn (*Tetrastes bonasia*)

花旗松 | Douglasien (*Pseudotsuga*)

扁蝨 | Zecken (*Ixodes ricinus*)

柳蘭屬 | Waldweidenröschen (*Epilobium*)

砂蛾 | Jakobskrautbär (*Tyria jacobaeae*)

紅林蟻 | Rote Waldameise (*Formica rufa*)

美味牛肝菌 | Steinpilz (*Boletus edulis*)

美國西部黃松 | Ponderosa-Kiefer (*Pinus ponderosa*)

食蚜蠅 | Schwebfliegen (*Syrphidae*)

埋葬蟲科 | Totengräber (*Silphidae*)

海岸紅杉 | Küstenmammutbaum (*Sequoia sempervirens*)

骨蠅 | Linsenfliege (*Thyreophora cynophila*)

高山兀鷲 | Gänsegeier (*Gyps fulvus*)

豚草條棘脛小蠹 | Gestreifte Nutzholzborkenkäfer (*Trypodendron lineatum*)

軟殼壁蝨 | Lederzecke (*Argasidae*)

割喉鱒 | Cutthroat-Forelle (*Oncorhynchus clarkii*)

斑貓 | Wildkatze (*Felis silvestris*)

普通鵟 | Mäusebussard (*Buteo buteo*)

森林紫羅蘭 | Waldveilchen (*Viola reichenbachiana*)

湖鮭 | Amerikanische Seeforelle (*Salvelinus namaycush*)

菊科千里光屬 | Jakobskreuzkraut (*Senecio jacobaea*)

鈎吻鮭 | Hundslachs (*Oncorhynchus keta*)

雲杉八齒小蠹 | Buchdrucker (*Ips typographus*)

雲杉峰蚜 | Fichtenröhrenlaus (*Elatobium abietinum*)

黃土蟻 | Wiesenameise (*Lasius flavus*)

黃粉蟲 | Mehlwürmer (*Tenebrio molitor*)

黃頸鼠 | Gelbhalsmaus (*Apodemus flavicollis*)

黑琴雞 | Birkhuhn (*Lyrurus tetrix*)

黑蠅科 | Schmeißfliege (*Calliphoridae*)

奧氏蜜環菌 | *Armillaria ostoyae*

蜜環菌屬 | Hallimasche (*Armillaria*)

赫克牛 | Heckrind (*Bos taurus*)

歐洲山毛櫸 | Buche (*Fagus sylvatica*)

歐洲黑頭鶯 | Mönchsgrasmücke (*Sylvia atricapilla*)

歐洲盤羊 | Muffelschafe (*Ovis orientalis musimon*)

樹皮甲蟲 | Borkenkäfer (*Scolytinae*)

樹液食蚜蠅 | Baumsaftschwebfliege (*Brachyopa silviae*)

燈蛾亞科 | Bärenspinner (*Arctiinae*)

戴菊鳥 | Wintergoldhähnchen (*Regulus regulus*)

擬金雀花屬 | Ginster (*Genista*)

縱坑切梢小蠹 | Waldgärtner (*Tomicus piniperda*)

黇鹿 | Damhirsch (*Dama dama*)

黏菌 | Schleimpilz (*Mycetozoa*)

蟻形郭公蟲 | Ameisenbuntkäfer (*Thanasimus formicarius*)

蟾蜍綠蠅 | Krötengoldfliege (*Lucilia bufonivora*)

鸕鶿 | Kormoran (*Phalacrocoracidae*)

國家圖書館出版品預行編目資料

自然的奇妙網路／彼得・渥雷本（Peter Wohlleben）著；鐘寶珍譯. -- 初版. -- 臺北市：商周出版：家庭傳媒城邦分公司發行, 民107.11
面； 公分
譯自：*Das geheime Netzwerk der Natur*
ISBN 978-986-477-573-6（平裝）
1. 生態學
367 107019527

感謝歌德學院（台北）德國文化中心 協助
歌德學院（台北）德國文化中心是德國歌德學院（Goethe-Institut）在台灣的代表機構，五十餘年來致力於德語教學、德國圖書資訊及藝術文化的推廣與交流，不定期與台灣、德國的藝文工作者攜手合作，介紹德國當代的藝文活動。

歌德學院（台北）德國文化中心
Goethe-Institut Taipei
地址：100臺北市和平西路一段20號6/11/12 樓
電話：02-2365 7294
傳真：02-2368 7542
網址：http://www.goethe.de/taipei

自然的奇妙網路

原著書名／*Das geheime Netzwerk der Natur*
作　　者／彼得・渥雷本（Peter Wohlleben）
譯　　者／鐘寶珍
企畫選書／賴芊曄
責任編輯／賴芊曄

版　　權／林心紅
行銷業務／李衍逸、黃崇華
總 編 輯／楊如玉
總 經 理／彭之琬
發 行 人／何飛鵬
法律顧問／台英國際商務法律事務所　羅明通律師
出　　版／商周出版
城邦文化事業股份有限公司
台北市民生東路二段 141 號 9 樓
電話：(02) 25007008　傳真：(02) 25007759
E-mail：bwp.service@cite.com.tw
發　　行／英屬蓋曼群島商家庭傳媒股份有限公司城邦分公司
台北市民生東路二段 141 號 2 樓
書虫客服服務專線：(02) 25007718、(02) 25007719
24 小時傳真專線：(02) 25001990、(02) 25001991
服務時間：週一至週五上午09:30-12:00；下午13:30-17:00
劃撥帳號：19863813；戶名：書虫股份有限公司
讀者服務信箱：service@readingclub.com.tw
城邦讀書花園：www.cite.com.tw
香港發行所／城邦（香港）出版集團有限公司
香港灣仔駱克道193號東超商業中心1樓
E-mail：hkcite@biznetvigator.com
電話：(852) 25086231　傳真：(852) 25789337
馬新發行所／城邦（馬新）出版集團【Cité (M) Sdn. Bhd.】
41, Jalan Radin Anum, Bandar Baru Sri Petaling,
57000 Kuala Lumpur, Malaysia.
電話：(603) 90578822　傳真：(603) 90576622
E-mail：cite@cite.com.my

封面設計／莊謹銘
排　　版／新鑫電腦排版工作室
印　　刷／卡樂彩色製版印刷有限公司
總 經 銷／聯合發行股份有限公司
電話：(02) 2917-8022　傳真：(02) 2911-0053
地址：新北市231新店區寶橋路235巷6弄6號2樓

■ 2018年（民107）11月初版1刷

Printed in Taiwan

定價／360 元

城邦讀書花園
www.cite.com.tw

Original title: *Das geheime Netzwerk der Natur: Wie Bäume Wolken machen und Regenwürmer Wildschweine steuern by* Peter Wohlleben
　ISBN　978-986-477-573-6

商周出版

廣　告　回
北區郵政管理
台北廣字第000
郵資已付，免

104台北市民生東路二段141號2樓
英屬蓋曼群島商家庭傳媒股份有限公司　城邦分

請沿虛線對摺，謝謝！

商周出版

書號：BU0149	**書名：**自然的奇妙網路	**編碼：**

請於此處用膠水黏貼

周出版

讀者回函卡

感謝您購買我們出版的書籍！請費心填寫此回函卡，我們將不定期寄上城邦集團最新的出版訊息。

不定期好禮相贈！
立即加入：商周出版
Facebook 粉絲團

姓名：＿＿＿＿＿＿＿＿ 性別：□男 □女

生日：西元＿＿＿＿年＿＿＿＿月＿＿＿＿日

地址：＿＿＿＿＿＿＿＿

聯絡電話：＿＿＿＿＿＿＿＿ 傳真：＿＿＿＿＿＿＿＿

E-mail：

學歷：□ 1. 小學 □ 2. 國中 □ 3. 高中 □ 4. 大學 □ 5. 研究所以上

職業：□ 1. 學生 □ 2. 軍公教 □ 3. 服務 □ 4. 金融 □ 5. 製造 □ 6. 資訊

□ 7. 傳播 □ 8. 自由業 □ 9. 農漁牧 □ 10. 家管 □ 11. 退休

□ 12. 其他＿＿＿＿＿＿＿＿

您從何種方式得知本書消息？

□ 1. 書店 □ 2. 網路 □ 3. 報紙 □ 4. 雜誌 □ 5. 廣播 □ 6. 電視

□ 7. 親友推薦 □ 8. 其他＿＿＿＿＿＿＿＿

您通常以何種方式購書？

□ 1. 書店 □ 2. 網路 □ 3. 傳真訂購 □ 4. 郵局劃撥 □ 5. 其他＿＿＿＿

您喜歡閱讀那些類別的書籍？

□ 1. 財經商業 □ 2. 自然科學 □ 3. 歷史 □ 4. 法律 □ 5. 文學

□ 6. 休閒旅遊 □ 7. 小說 □ 8. 人物傳記 □ 9. 生活、勵志 □ 10. 其他

對我們的建議：＿＿＿＿＿＿＿＿

＿＿＿＿＿＿＿＿

＿＿＿＿＿＿＿＿

【為提供訂購、行銷、客戶管理或其他合於營業登記項目或章程所定業務之目的，城邦出版人集團（即英屬蓋曼群島商家庭傳媒（股）公司城邦分公司、城邦文化事業（股）公司），於本集團之營運期間及地區內，將以電郵、傳真、電話、簡訊、郵寄或其他公告方式利用您提供之資料（資料類別：C001、C002、C003、C011 等）。利用對象除本集團外，亦可能包括相關服務的協力機構。如您有依個資法第三條或其他需服務之處，得致電本公司客服中心電話 02-25007718 請求協助。相關資料如為非必要項目，不提供亦不影響您的權益。】

1.C001 辨識個人者：如消費者之姓名、地址、電話、電子郵件等資訊。
2.C002 辨識財務者：如信用卡或轉帳帳戶資訊。
3.C003 政府資料中之辨識者：如身分證字號或護照號碼（外國人）。
4.C011 個人描述：如性別、國籍、出生年月日。

請於此處用膠水黏貼